JN024070

「スーパーソムリエ」
への道

サービスとマリアージュの極意

エスキス 総支配人

若林英司 著

コーディネーター　遠山詳胡子

はじめに

　私は、プロとして誇れるソムリエとなれるよう、これまで一心不乱に生きてきました。

　おかげ様で、今の私はやりがいのある、充実した毎日を送っています。

　エスキスのエグゼクティブシェフであるリオネル・ベカは、彼の著書の中で「若林さんは幸せな人。彼の人生は葡萄畑と、その果実への愛で溢れています」と紹介してくれています。

　はい、私は本当に幸せ者です。

　神様が厳しくも楽しいこの仕事を与えてくれたことに、感謝しています。天職なのかもしれません。

　お客さまに「サービスをして欲しい」と思って貰えるソムリエは、「お客様を楽しませるためには、何ができるか」を極めようとする人です。

　お客様の要望や懐具合など、全てを把握することは困難です。

　それでも、言葉では説明できない何かを感じ取ろうとしている人がいる一方、感じ取ろうとすら思わない人もいます。

　それは、ソムリエとしての資質であり人間性ではないでしょうか。

　言い換えれば、この仕事は己の人間性を試されているのだと思います。

いつの間にか「スーパーソムリエ」という、過分な呼ばれ方をされるようになりました。

　まだまだ発展途上と自覚していますが、自分やお客様のことだけでなく、ソムリエ業界を盛り上げていかなければならないという使命感も持つようになりました。

　多くの人がソムリエのプロフェッショナルになって、この業界を支えていって欲しいと願っています。

　そこで、私のこれまでのキャリアに伴って得た知見やノウハウを、惜しみなく開示したいと思います。

　この本が、ワインを愛する皆さんの一助となれば幸いです。

◉ 目　次 ◉

第3章 | マリアージュの理論 ……………………… *51*

第7章 │ 個人的に愉しむ

第1章

大切にしていること

大切にしていること

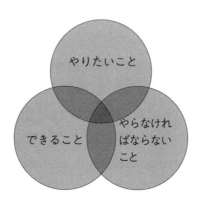

　ソムリエの仕事は、わくわくしなければ意味がありません。

　私が仕事をする上で大切にしていることは、「自分がこうしたら
楽しいんじゃないか？」という観点です。

　世の中には「やりたいこと」と「できること」、そして「やらな
ければならないこと」がありますが、日本には常識というお面をか
ぶった「やらなければならないこと」が多いように思います。　フ
ラストレーションがたまるばかりです。

　一方欧米では、「やりたいこと」をやることでわくわくすること
を優先して考える人が多いように思います。

　残念ながら、ベテランのソムリエであっても、ワインにわくわく
しない人がいます。接客に疲れているのかもしれません。売り上げ
に追われているのかもしれません。それではたとえ売り上げが上が
ったとしても、心は萎れていく一方です。

　ワインやお客様、お店にわくわくしなければ、いいマリアージュ
もいい接客もできません。
　ソムリエとしてのプライドや存在価値も、見失ってしまいます。

　ワインに限定せず、「やりたいこと」を探しませんか。
　自分のために、自分らしく生きることを、考えるのです。
　「やりたいこと」を勉強することで、幸せな環境を自ら創り上げ
ることができるようになります。
　「できること」も「やらなければならないこと」も重要ですが、「や
りたいこと」のボリュームを、大きくしましょう。
　「やりたいこと」が増えると、「やらなければならないこと」も増
えてきてしまいますが、いつの間にか「できること」のボリューム
が大きくなってきます。
　また、以前は義務としか捉えられなかった「やらなければならな
いこと」を、前向きに捉えられるようになります。

　「やりたいこと」の輪が大きくなってくると益々わくわくするの
で、人はどんどん幸せになれます。

　価値観が多様化している現代社会では、自分のやりたいことを増
やして、自分の価値観を多様化して初めて、いろいろなお客様に寄
り添うことや喜んでいただくことができるようになります。

　相手をわくわくさせるために、まずは私自身がいつも何かに、わ
くわくしていたいと思っています。

クリエーター

「シェフと違って、ソムリエは何も作り出さない」と思っている
人が、いるようです。

しかし、そうでしょうか。

以前宮大工のお客様から、木の箱を見せていただきました。

「軽い！」手に取っての第一声でした。

それから丁寧に観ていくと、カーブがとても美しく、なめらかな
手触りと蓋の取りやすさが素晴らしく、観賞用としても道具として
も逸品です。

それらに着眼して伝えると、「よく気づいてくれましたね」と、
お客様は静かに微笑まれました。

モノ造りをしている人は、心が作品に宿っているのだと、深く感
じ入りました。

私は確かに、モノは造っていません。

しかし、料理とワインを合わせるというマリアージュの世界を、
「心」を込めて創っています。

料理とワインに関わる人を登場人物にして物語を創り、お客様に
喜んでいただけることを目指す私は、まぎれもなくクリエーターだ
と胸を張れます。

そういう考え方をしていれば、ソムリエの仕事は更にわくわくし
てきます。

テクニックとスキル

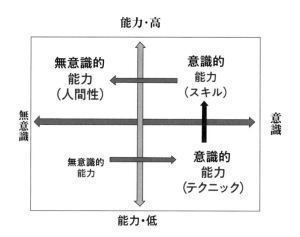

「ワインが好き、お客様が好き、お客様にワインを楽しんで貰いたい」という思いを持つことこそが、ソムリエのスタートです。

ソムリエになろうと学び始めた時点で、成長は始まります。

能力は、無意識的なものから意識的ものへと移行するからです。

学ぶ方法はたくさんあります。

ワインを飲んだり、本を読んだり、学校に通ったりなど様々です。

私は以前ワインスクールで教壇に立っていましたが、私の受講者のソムリエ試験の成績は、全く芳しくありませんでした。

そういう意味では、いい教育者ではなかったようです。

試験の点数を稼ぐためにはワインの名前、葡萄品種、成分、造り方、土壌、斜面などの「知識」やテイスティングや抜栓の「技術」など覚えることはたくさんあります。

しかし、調べて分かることは自分で学べばいいことです。

　技術も、真似ることで会得できるようになります。

　貴重な講義の時間をそんなことに割くのは、実にもったいないことです。

　また、ソムリエのゴールは試験の合格ではありません。

　私は、実践的な「アドバイス」を伝えていました。

　例えば、こうやって飲むとワインの表情が出る、美味しくなる、といったプラスアルファの対応です。酸味が強い時にどうまろやかにするかというリカバリーも、その一つです。

　接客や接遇も大切です。

　例えばブショネ（コルク栓の汚染やカビによる品質劣化）を感じた時にどうするか、ということも知っておかなければなりません。

　初めてのお客様はもちろんのこと、これまで慣れ親しんだ顧客まで失いかねないので、慎重な判断と対応が求められます。

　とはいえ、「知識」も「技術」も「アドバイス」も、学んだ当初はしょせん「テクニック」に過ぎません。

　しかし、「テクニック」を駆使し続けると、能力が高まり、体に染みついた「スキル」になっていきます。

精神性

　私が最も大切だと考えるのは、「テクニック」から「スキル」に移行するまでの期間の過ごし方です。

　なぜなら、その間の「精神性」が、将来の「人間性」に大きく関わってくるからです。

　テクニックを使う時、あなたはどんなことを考えるでしょうか。

　ソムリエとして褒められたい、売り上げを上げたいなど、ともすれば自己実現、自己満足になってしまいがちです。

　それも間違いではありませんが、はたしてそれだけでいいのでしょうか。

　プロのソムリエの仕事は「お客様に喜んでいただけること」と「利益を上げること」の両方です。

　テクニックを使う時には、そのことを心に留めることが何よりも大切です。

　医師を例にとってみたいと思います。

　私達は、病気になると医師を頼ります。医師は、診断と治療法とその費用を私達に提示します。

　私達には、それらが適切なのかどうか分かりません。医師が利益を優先して必要のない手術を提案しても、私達には分かりません。

　しかし、そんなことをする医師は皆無に近いと思います。

　医師は、患者を治すことが第一優先だと思っています。

　そして治療に伴う費用を、胸を張って請求します。

　それは、医師のプロフェッショナルとしての矜持です。

お客様は、ワインのオーダーをソムリエに頼ります。

ソムリエは、ワインと、自分が値付けした金額を提示します。

しかしそのワインが本当に美味しいのか、料理に合っているのか、妥当な値段なのか、ほとんどのお客様には分かりません。

ワインの提案をしている時に、自己満足なのか、お客様の喜びを優先しているのか、利益を上げることを優先しているのか、それともお客様と利益の両方を丁寧に吟味しているのか、ソムリエのプロフェッショナルとしての矜持が、問われるところです。

そしてその「精神性」が、「人間性」の礎になってきます。

　リスペクト

ワインは機械やAI（人工知能）ではなく人が造るものなので、生産者が見えるワインなのかどうかが、重要だと思っています。

その人の人柄や矜持、土地に対するリスペクトなどを感じるワインがもっと増えて欲しい、と願っています。

そのためには、私達ソムリエもリスペクトを持つことが大切です。

劣化は論外ですが、美味しくないと感じるワインであっても、生産者は一生懸命造っています。

ですから、ダメではなくて、「この酸がなかったらいいのにな」と思ったら、「その酸を落としてくれるものを、一緒に食べればいい」と、考えればいいのです。

リスペクトは、たとえお互いを高めあうマリアージュには到達していなくても、欠点を補うようなマッチングを考える第一歩となります。人間関係と同じです。

料理に対しての姿勢も、問われます。

例えば皿の置き方です。料理は肉や魚、野菜の命をいただいています。そう考えれば、ドン！と手荒に置くことなど、絶対にできないはずです。

確かに、小指を皿の下においてそっと置くというテクニックはあります。そういう動作を反復していけば、スマートさは自然と身に付きます。

しかしサービスのスマートさよりも以前に、命あるものの存在を意識し、ワインや料理が形になるまでの背景や過程を理解し、感謝の気持ちを持つ、という「精神性」が大切なのです。

人間性

意識して使っていた「スキル」も、経験を積んでいけば無意識に使えるようになってきます。

考えなくても勝手に体が動くレベルで、それがプロの領域です。

しかし無意識であるがゆえに、テクニックをスキルに昇華させるまでの期間の「精神性」も滲み出るようになります。

それが、ソムリエという仕事を通して得た「人間性」です。

プロフェッショナルとしての矜持を保ち、崇高な精神性を育んだ人間性を持っているソムリエは、お客様からもお店からも同僚からも尊敬されます。

　と同時に、自分自身もソムリエという仕事に誇りを持つことができ、それを己の存在意義に繋げることができるようになります。

　どの世界でも達人といわれる人は、技術のみならず「人間性」においても尊敬されている人達です。

　どんなソムリエになるか、どんな人間になるか、それはひとえに「テクニック」を使う時の、己の「精神性」にかかっているのです。

ライバル店に対する思い

　よく他の店に対するライバル心は？と聞かれますが、私にはちょっとピンときません。

　なぜならば、私達支配人同士は友達関係で、お客様もほとんど重なっているからです。

　情報交換も盛んです。

　お客様のことも、差し障りのない範囲で共有します。

　店によってそれぞれやり方があるので、真似する気もありません。

　もし他の店がミシュランガイドで星を獲ったとしても、「おめでとう」という気持ちです。

　こちらの足りないものを見つける機会だと考えることが、大切なのです。

第2章
ソムリエの役割

売るソムリエ

　レストランは、美味しいものを提供することは当然として、利益を出し、経営を継続させなければなりません。

　リーズナブルで素晴らしいワインを仕入れ、付加価値を与え、最高のパフォーマンスに昇華させ、それに見合う販売価格を自分自身で決めることができる人が、真のプロのソムリエです。

　以前働いていた『シャトーレストラン　タイユバン・ロブション』（東京・恵比寿）が考えるスタッフ像は「知識と資質と人間性」を備え持った人物ですが、特にソムリエにはそれを強く求めていました。売り上げの中でワインの占める割合が大きかったからです。

　タイユバン・ロブションは売り上げに厳しい店ではありませんでしたが、それでもソムリエ6〜7人でワインを月に3,000万円売り上げていました。全体の売り上げが月1億3,000万円のうちの3,000万円ですから、大きいと言えるでしょう。

　ですから、ワインを売ってくれる＝人気がある＝顧客を持っているソムリエが必要だったのです。

　タイユバン・ロブションには、そういうソムリエが3人いました。

　一方、与えられた仕事を回すソムリエも必要です。

　タイユバン・ロブションには3〜4人いましたが、彼らに補佐して貰わないと多くのお客様に満足していただくことは困難です。

　売るソムリエは、補佐するソムリエとの連携を密にとれる人でもあります。

適正価格

レストランで売るワインには、定価がありません。

仕入れ値プラスアルファが、販売価格です。

それをお客様が適正と思ってくださるかどうかは、ソムリエの腕にかかっています。

利益

利益を出すことも、大切です。

いいワインほど原価率が高いので、利益を上げるのは簡単ではありません。

普通のワインを何倍ものテイストにするセンスが、必要です。

10,000円のワインを11,000円で売るのでは、利益は1,000円で、人件費にもなりません。

極端な話、1,000円のワインに付加価値をつけて10,000円で売っても、お客様が「ありがとう」と満足してくださるのなら、その方が利益は大きくなり、お客様の期待も裏切りません。

ペアリングも同様です。全てが高額のワインでなくても、素晴らしいマリアージュのグラスワインを最後まで出し続ければ、お客様は満足してくださいます。

売り上げだけではなく利益を上げることも、プロのソムリエの矜持なのです。

ワインの仕入れ

　「必要なワインを買って、必要でないワインは買わない」ことがベストです。

　エスキスはレストランなので、テイスティングした時に食べたい料理が思い浮かぶかどうかが最も重要で、思い浮かばないワインは買いません。

　美味しすぎるワインや完成度の高いワインも、買いません。

　そういうワインは、パンとチーズさえあれば十分です。

　少し補いたいと思うワインの方が、料理と合わせやすいのです。

取引先との信頼関係

　ワインは資産なので、「健全なものを買う」ことも大切です。

　わけの分からないものは買わない姿勢が、求められます。

　そのためには、インポーター（輸入元取引先）やサプライヤー（供給業者）との信頼関係が、不可欠です。

　それでも、ブショネなど劣化したワインと遭遇してしまうことがあります。通常は取引先に連絡すると、来店して、確認して、返金か交換という流れになります。

　しかしエスキスの場合、電話をすると取引先は「分かりました」の一言です。5万円のワインであっても、確認しに来ることはありません。信じてくれているからです。

　このような信頼関係の構築ができるかどうか、それがいいワインの仕入れに繋がってきます。

「インポーターやサプライヤーの、得意分野を見極める」ことも大切です。エスキスでは10社と取引していますが、それぞれが自信のあるワインを提案してくれます。

　輸入や取扱いをするということは、その前にきちんとリサーチして、評価するということです。このプロセスを丁寧にしている取引先は、自分の取り扱うワインに確信を持っています。

　「このワインは、若林さんの店じゃないと売れないと思います」と、持って来られる場合もあります。おだてられていることは分かっていますが、テイスティングして納得させられるワインであることが珍しくありません。

　「他はダメでもここでは売れます！」と言い切れる営業担当者は、素晴らしいと思います。どこででも同じアプローチをしていては売れません。店や話す相手を見極めているからこそ、できることです。

　「若林さん、ブラインドして貰えますか？」と言ってきた営業担当者がいました。昨今ブラインドを持ちかけられることなどなかったので面喰いましたが、「え！イタリアなの？」と驚くほど上質でした。彼の買い付けるワインはセンスがあるな、と感じました。

　こういう営業担当者も、大切にお付き合いしたいと思います。

　「こういう料理に合うワインは、ないですか？」と依頼して、持ってきて貰うこともあります。

　こちらの要望を的確に解釈できる人も、センスのいい信用できる営業担当者です。

価格設定

「このワインを、いくらで売るか」も、仕入れの基本の一つです。

例えば2,000円で納得できる品質のワインの場合、1万円では高いけどボトル8,000円、グラス3,000円なら売れると考えたら、仕入れます。

グラス一杯でもペイできるかどうかも、大切な視点です。

先を見るセンス

高額なワインを店で抱えることはリスクでもありますが、以前買ったワインの値が上がると、ソムリエの評価も上がります。

高額になって手に入らなくなるワインも出てくるので、見極めが重要です。

これからワインがどう変わっていくのか、タイユバン・ロブションのヴリナさんの先を見るセンスは凄かったと思います。

私が働いていた当時、ヴリナさんはボルドーやブルゴーニュが値上がりすると分かっていました。たくさん仕入れてセラーで寝かせていたので、その後に高額な値付けとなりました。

自然派ワインにも着目して、積極的に仕入れていました。

今やオーガニックワインを認める専門機関が世界各国にあり、国際的な認証機関もできています。

ワインは先行投資です。先見の明は、覚悟よりも大切です。

ラインナップ

　自分が働いているレストランの規模、お客様単価、サービススタイル、フランス料理やイタリア料理、日本料理、中国料理など料理のカテゴリーを把握することがラインナップを考えるスタートです。

　お客様の単価に合わせながらも、ある程度幅を持たせた価格帯を考えます。例えば１万円のワインが売れ筋の場合は、その前後の価格で、産地やオーガニックなどバリエーションをもたせます。

　ヴィンテージなどステータスの高いワインもそうでないワインも揃えて、バラエティの豊富さ・クオリティ・価格のバランスを整えることが大切です。

　そうすると「あそこのワインは、いいね！」と、評価されます。

　レストランの評価において料理は絶対的なものですが、料理をより美味しくするためには、素晴らしいワインや希少価値のあるワインも必要です。

　同じ料理のレベルであれば、ワインの充実度が店の相対的な評価に大きく関わってきます。

　例えば、あるワインが1919年産はあるけれど1915年産があるかどうか、それだけでも店の評価は変わります。

　最近は、ペアリングが多くなってきました。ワインを効率的に消費できるので、経営的にはありがたい傾向と言えるでしょう。

　一方、ワイン好きの人が飲みたいワインがない、という事態が起こりかねない恐れもあります。

　お客様のニーズを見極める仕入れが、求められます。

成長の機会

　私は今、仕入れは基本的に部下のソムリエに任せているのですが、あれこれ仕入れたいという気持ちが分かるので、それを尊重しています。

　部下がワインを買う時のイメージも分かります。そのイメージを「いいじゃない」とか「私はこうじゃないと思う」と評価をすることはあります。

　お客様から「今度、こういうのを飲みたい」というようなリクエストがあった時は、産地や年を言わなくても、自分で模索して探し出してくれます。

　仕入れは責任重大ですが、成長の機会がたくさんあります。

　そこで、センスも培われていると思います。

思い入れ

　ソムリエはワインに深い思い入れがあるので、どうしても自分好みのワインや貴重なワインを仕入れがちです。そして、仕入れたワインを手放したくない、と思ってしまうことも珍しくありません。

　自己満足に陥らないよう、自制することも大切です。

　エスキスでは、今ではなかなか入手できないワインを揃えています。以前の私なら手元に置いておきたいという気持ちもありましたが、今は若いスタッフがそういうワインを売って喜んでいる姿を見て、満足しています。

　仕入れの最終目的は、お客様の満足と店の利益です。そこを忘れず、ソムリエはメッセンジャーに徹することが、求められます。

在庫の管理

　お客様からオーダーをいただいたら、とにかくお待たせしないことが鉄則で、5分以上はNGです。エスキスは店外にもワインセラーがあり、そこまで取りに行く時間も入れて、5分以内です。

　そのためには、ワインセラーの整理整頓が、必要になります。
　毎日ワインを消費するので、スタッフが共有できる在庫リストの頻繁なアップデートも、求められます。

　いいワインリストを作るには、「ワインの売り上げの3年分の在庫が必要」だと思っています。
　例えば月100万円の売り上げならば、年に1,200万円ですから、3年分3,600万円のワインが必要になるということです。加えて、クオリティが高くなればなるほどアイテム数が多くなるので、在庫が増えることになってしまいます。

　しかし、仕入れないと売ることはできません、
　そのバランスを取るのも、ソムリエの腕の見せ所です。

　ちなみに私が働いていた頃のタイユバン・ロブションでの在庫は約25,000本、原価で2億5,000万円くらいでした。
　エスキスは約2,000本、8,000万円くらいの在庫です。ロマネコンティ一本でも200万円以上しますから、どうしてもそれくらいになっています。

銀座のクラブなどは、在庫がない場合は酒販店に配達して貰うことも可能です。

　しかしワインはその背景の把握や管理も重要なので、自分で仕入れなければワインに対するソムリエとしての責任が全うできません。

　在庫を抱えることは大変なのですが、在庫は資産です。

　オーナーも、その認識を共有してくださっています。

季節を待つ

　丁寧に仕入れたつもりでも、期待を裏切られることがあります。

　そういうことがないようにするのが仕事ですが、そうなってしまった時にどう売っていくかも考えなければなりません。

　仕入れたら販売しなければならない、という責任があるからです。

　「待つ」ことも、一案です。

　ワインの美味しさは、季節感によって大きく左右されます。

　少し重く感じるが冬になったら美味しく感じる、少し酸味が強いが夏になったら美味しく感じるなどと考えたら、その季節まで待つことも一案です。

　新しい料理との相性が思った以上にいい、ということもあります。

　発想の転換をして、ダメなのではなく、ここで飲めば美味しく感じるというタイミングを模索して、外さず、丁寧にマリアージュすることが求められます。

今日売るワイン

在庫の状況やワインの状態によっては、その日に積極的に売りたいワインが発生します。

ペアリングに組み込むこともあります。ただし、やみくもに組み込むのではなく、料理とのバランスを考えるのはもちろんのこと、コース全体でペアリングの強弱が付くように、他のワインとのバランスを考えます。

発想の転換も、大切です。熟成が進んだワインは、多少コストがかかっていても、美味しいうちに飲んで貰った方がいいと考えます。

また、熟成が進んだワインは、熟成の進んだ肉と相性が抜群です。これ以上の熟成は危ないというのは、ある意味「今が一番美味しいワイン」なのです。ですからお客様への提案でも、そのようなプラスの要因を加えて丁寧に説明します。

すると「それいいね！ぜひ！」とおっしゃっていただくことが、少なくありません。

売らないワイン

果実感がないものは、ワインとしてはもうダメです。

劣化や酸化を疑う場合も、あると思います。

私は「迷ったら、その時点でやめた方がいい」と部下に言います。一本しかないワインの場合でも、丁寧に説明して、別のものを抜くようにします。そのコストなんていくらでも回収できます。

しかし、一度お客様の信頼を失ったら、お客様の気持ちをリカバリーさせるのに、何十倍もエネルギーが必要です。

シェフとの関係性

　ソムリエは、ワインの専門家です。それ故に、このワインを美味しく飲むにはどうしたらいいかと考えます。

　ワインバーではそのことを第一優先課題とし、料理はそのために存在しています。

　しかし私がマリアージュを考える時に、お酒から入ることは一切ありません。なぜなら、エスキスはレストランだからです。

　この料理の香りや味に合うワインは、どれか？　と考えることは、シェフや料理へのリスペクトでもあります。

リオネル・ベカ シェフ

　私は、リオネルシェフをとても尊敬しています。

　なぜなら、彼の料理にはフィロソフィー（哲学）があるからです。

　そして、その根底に流れているのは、常に「感謝」です。

　彼はフランスのコルシカ島で生を受け、マルセイユで育ちました。日本では、17年間も活躍しています。そしてその３つの場所を融合させたものが自分の立ち位置であり、テロワールだと自認しています。なぜなら「フランスも日本も、今の自分を育んでくれた」と、心から感謝しているからです。

　コルシカ島もマルセイユも、地中海沿岸です。海に囲まれた日本とは、食材に関して共通していることが、多々あります。

　例えば、ウニです。フランスの内陸部のレストランではまずお目にかかれない食材ですが、リオネルにとってはソウルフードです。

　子供の頃、お兄ちゃんと自転車に乗って海に行き、潜ってウニを

取り、持参したハサミで殻を破って、食べていたそうです。

　日本のフランス料理において、魚介類は欠かせないものです。

　日本で求められる料理を供する上で、「自分が生まれ育った環境と日本の海の恵みに感謝せずにいられない」と、リオネルは思っています。それだけでなく、山の恵みにも心から感謝しています。

　リオネルは、感謝の塊なのです。

　ですから、彼は日本の食材を求めて、よく旅に出ます。

　そこで出会った生産者やサプライヤーと時間を共有し、より深く食材を理解したいと強く願っているからです。

　自然の恵みに対する真摯な姿勢は、リオネルの誠実さそのものだと、私はいつも敬服しています。

　そしてリオネルは、恵みへの感謝の気持ちを形にするべく、食材を最高の状態に昇華させる料理を、とことん考え抜きます。

　その時に大切にしているのは、「食材、付け合わせ、ソース」の３つを共鳴させる、トライアングルです。

　食材が突出しないようにして、それを引き立てるのは何かを考えます。何かを主張させるというよりも、バランスを取って皿全体を押し上げるのです。

　そのために足す（足して、味の深みを出す）ことも、引く（必要でないものを除いて、ピュアな部分を表現する）こともします。足すことは西洋料理の特徴であり、引くことは日本料理の特徴ですから、リオネルの料理はその融合と言えるでしょう。

　とはいえリオネルは、自分の軸をどちらにしたらいいのか、という迷いがまだあると言います。その迷いが、いい意味で彼の料理に深みを与えてくれているように思います。

微調整のアドバイス

エスキスのメニューは、リオネルに一任しています。彼は完成品を持ってきて、それに対してアドバイスをするのが私の役目です。

例えば貝の肝を使った冷製の料理では、ホースラディッシュやキンカン、セリ、昆布出汁を使います。日本料理のようですが、もちろんフランス料理です。

肝をキーワードにするならば、肝の強弱の微調整を提案します。

イカのパウダーをまぶしてイカをソテーする料理の時は、パウダーの量の微調整を提案します。

エスキスにはぬか床があるのですが、「漬物が漬かりすぎている」と指摘することもあります。

大切にしているのは、日本人としての感覚です。

日本風にアレンジするのではありません。エスキスは日本人のお客様が多いので、「日本人はこういう方が喜ぶと思うよ」といったアドバイスです。

これまでレストランで料理を学んできたという自分の味覚に対する自信と、リオネルらしさを引き出したいという思いの両方があるからこそ、言えることだと思います。

また、微調整をすれば完璧になるレベルの料理をリオネルが作ってくれるからこそ、言えることでもあります。

リオネルはそうしたアドバイスを的確に把握して、最終的にはバシッと味を決めてくれます。素晴らしい才能です。

　微妙なことであっても、それを見逃すと皿全体がどんどんずれて
いくので、妥協はしません。

　しかし、対立もしません。「こういう方が、いいんじゃない？」
という提案を、するだけです。

　味がバシッと決まると、マリアージュのアイデアが溢れてきます。

　リオネルのおかげで、ソムリエとしての私は花開いているのだと
思います。

　もしかしたら、リオネルにとっての私も、同じような存在なのか
もしれません。私達は、料理を美味しく食べて貰いたいという、同
じベクトルを有しているからです。

アドバイスの留意点

　ソムリエがアドバイスする上でもっとも大切なことは、シェフに
対するリスペクトです。

　時には、シェフと意見が合わないこともあるでしょう。

　その時には、いったん目の前の問題から距離を置いて、世界を見
るようにします。それは一皿の中の世界だったり、コースメニュー
の世界だったり、店内の世界だったりと、様々です。

　そして、自分と違うところを、面白がるようにします。

　自分と違う＝間違いではありません。相手の世界観を尊重して、
わくわくしてしまいましょう。それがリスペクトのスタートです。

　違いを面白がると、「次はなんて言ってくるのかな？」「何をやっ
てくれるのかな？」と、益々わくわくしてきます。

シェフが選ぶワイン

ワインに対して造詣の深いシェフは、たくさんいらっしゃいます。「自分の料理には、これを飲んで欲しい」と考えることも、珍しくありません。

料理を美味しく食べて貰うためのワインですから、シェフの選択はもちろん正解でしょう。

ただし、あくまでもシェフにとっての正解です。

この場合、ワインがソースと似た位置づけになりがちです。ワインの個性は、もしかしたら二の次になってしまうかもしれません。

ソムリエは、お客様のことも考えて、ワインを選びます。

例えばワインの好み、その日の懐具合、お連れ様の顔ぶれ、特別なイベントなどなどです。

シェフが主観的にワインを選ぶとしたら、ソムリエは客観的に選んでいると言えるでしょう。ソムリエのあるべき姿です。

レストランは料理だけでなく、空間と時間を楽しく消費するところです。であるならば、ソムリエはシェフの主観に敬意を払いつつも、自分の客観性に自信を持ちましょう。

そして胸を張って、シェフに理解を求めましょう。

ちなみにリオネルは、ワインに関しては、全て私に任せてくれています。

リオネルの私へのリスペクトを、深く感じます。

日本ワイン

　日本ワインの応援団になるのも、ソムリエの大切な仕事です。

　最近は、日本ワインのバリエーションが増えてきました。ナチュラルワインやオレンジワインなど美味しいものがたくさんあります。

　フランスワインはほとんどが世襲なので、伝統を大切にしています。改良を試みるワイナリーもありますが、伝統に縛られて改悪になってしまう場合も珍しくありません。

　日本ワインは、自分で一から切り開いていかなければならないという大変さはありますが、こういうワインを造りたいという自由度やストーリー性が大きいように思います。自分は何をしたいのかと考える人も多く、まるで自分探しの旅をしているような醸造を経て出来上がったワインは、オリジナリティに溢れています。

　また、その土地に向き合い、その土地で一番いいものを造ろうという気概を持っている人が、ほとんどです。

　そうした生産者達の頑張りにより、海外に太刀打ちできるワインができるようになったのです。

　日本の家庭では、日本料理も西洋料理も中国料理も一緒に食卓に並びます。それらの料理を網羅して合わせるのに、日本ワインは一番いいと思います。マスカットベーリー A種で作った赤ワインはとても美味しくて、3,500円くらいのワインなら、肉や魚、中華、スパイシーなものなど、何にでも合わせられます。

　日本料理は旨味が後ろに控えているので、強いワインだと旨味が逃げて行ってしまいます。そういう意味でも、日本ワインは日本で存在価値が上がってきています。

テロワール

　今のソムリエは、地方の料理や飲み物に焦点を当て、素晴らしいテロワールとマリアージュを提案することで、地域活性の一助となることも求められています。

　テロワールは、本来ワイン、コーヒー、茶などの栽培環境を意味しますが、フランス料理では料理のコンセプトの一つとして、広く使われています。

　ヨーロッパ連合（EU）が1993年に成立し、国や国境という概念が薄まってきた時、フランスでは、フランス人である前にブルターニュ地方のブルトン人、サヴォア地方のサヴォア人、アルザス地方のアルザス人といった具合に、自分の根っことして地方を意識するようになりました。

　シェフもそうした帰属意識を持つようになり、その地方の風土に根差した自分の料理やレストランの在り方を考えるようになりました。それが「テロワールの料理／Cuisine de Terroir」です。

　地元の食材を活かし、お客様に安心して楽しんで貰える料理に、自分のアイデンティティーを見出そうとしたのだと思います。

　ミシュランガイドが「遠出してでも食べたい料理」を紹介するために発刊したことでも分かるように、フランス料理は地方料理の集合体です。

　日本には、昔ながらの美味しい地方料理もたくさんあります。更に、日本中で美味しいフランス料理が食べられるようになりました。

　日本のテロワール料理が、これから益々楽しみです。

長野県のケース

　長野で生を受け、飲食業を生業としている私にとって、テロワールと言えば長野県です。

GI（酒類の地理的表示制度）

　長野県は８つの県と隣接しており、県境付近は標高2,000メートルから3,000メートル級の高山が連なっています。県内にも山岳が多数あり、それに伴い盆地も多く、急峻で複雑な地形です。そして県内には、数多くの水源を擁しています。

　豊かな自然を背景に、2021年６月30日に酒類の地理的表示「GI長野」が、日本酒とワイン同時に指定されることになりました。
　日本酒とワインの同時指定は、全国初のことです。
　酒類や農産品について、ある特定の産地ならではの特性が確立され、当該産地内で生産され、生産基準を満たした商品だけが、その産地名（地域ブランド）を独占的に名乗ることができます。
　長野県は、以前から「長野県原産地呼称管理制度」を運営し、長野の気候や歴史と結びついている商品の保存や開発を助成し、日本酒やワイン、焼酎、シードル、そして米などの農産物加工品の地域ブランドを確立してきた歴史があります。
　その結果、基準を満たした日本酒とワインはGIに指定され、国のお墨付きを得て、発信することができるようになったのです。

　ワインは、より厳しい基準を満たしたものはGI長野と共に「長野ワインプレミアム」の表示も、許されるようになりました。

信州ワインバレー構想

　ワイン振興の大きな柱は、「信州ワインバレー構想（NAGANO WINE）」と「長野県原産地呼称管理委員会」です。

　信州ワインバレー構想は2013年に始まり、北から「千曲川ワインバレー」「日本アルプスワインバレー」「桔梗が原ワインバレー」「天竜川ワインバレー」の４つです。
　生産者育成やプロモーションなどを推進することで、それぞれの地域を大切に育んできました。

　長野県には、大企業と小さなワイナリーの両方があります。
　マッケートが違うので、選別して造り分けています。
　例えば千曲川バレーには、メルシャンやキッコーマンがあります。ワイン愛好者に対して安定供給し、市井のワインブームの下支えをしてくれる有り難い存在です。

　一方、私の従兄弟などは小さいワイナリーを営んでいて、ワインとシードルを作っています。シードルは、傷んだ林檎を活用しています。

　ただし、問題点もあります。ワイナリーは一定量のワインを作らなければ第６次産業としての認定がクリアできず、補助金を返さなければなりません。小さなワイナリーは、好きなものを好きなだけ造るというわけにはいかないのです。
　ワイナリーの個性化という観点では、継続性が損なわれているかもしれないと、危惧します。

タッグを組む

長野では、他にも日本酒やビールがあり、そのバラエティとクオリティで長野県の良さを表現してくれています。

また、他のお酒同士の繋がりが実に強く、互いに学び合おうという機運も高まっています。長野の食材を活かす料理のプロの意見を自分の知見にしようという意識も、あります。

このように前を向いて活動している生産者達がタッグを組むと、「地産地消」というコンセプトが、俄然現実味を帯びてきます。

点から線、線から面、面から立体となり、広がりと深みが増していくのです。

長野でのマリアージュ例

ここでは、以前地元のYouTube番組で取り上げたマリアージュを、紹介させていただきます。

白ワイン

長野県の葡萄は、高い標高ゆえの気温差があるため、ストレスがあります。

また、酸性土壌で育っているため、酸味が豊かで、キレ・繊細さ・ふくよかさが身上です。

酸味は、食材にレモンを絞ったような切れ味を与えるので、揚げ物によく合います。また、酸味のある料理に酸味のあるワインを組み合わせると、不思議と甘味が増してきます。

日滝原白ワインと長芋の磯辺焼き

　楠わいなりーの白ワイン「日滝原白ワイン」と「長芋の磯辺焼き」のマリアージュです。

　長野県は、長いもの産地です。

　薄切りの長いもに、塩コショウして、網で焼き、その上に藻塩をのせ、海苔で巻いて食べます。

　長いもは、本来の風味を残し、軽く焼くことで香ばしさが加わります。また、ねばねば感が口の残ると、ワインの美味しさを持続させてくれます。

　海苔は、しっとり感と香ばしさを加えてくれます。

　藻塩は、にがりの渋みと塩味がワインを引き立ててくれます。ワインの甘味が引き出されるからです。

　舌の上にのせると、甘さと味わいが増幅されます。

　日滝原白ワインは、日本料理と合わせることを一つの目標にしているので、フレッシュな海産物やお刺身なども合います。

　長野県では藻塩の他にも、日本一の生産を誇る味噌や、醤油、七味など、たくさんの調味料を生産しています。

　それをアクセントにするとワインの味わいを豊かにしてくれるので、ワインを幾通りにも楽しむことができます。

　クラフトビール

　今は県内に19のビール会社があり、それぞれが多様性を持ちながら、お互いを高めあっています。

「MATSUMOTO Traditional Bitter（マツモト・トラディショナルビター）」と山賊焼き

　松本は、北アルプス美ヶ原などが水源の美味しい水に恵まれており、その水でクラフトビールを造っています。

　ビターエールはイギリスのパブの定番で、麦芽の風味が豊かです。麦の香ばしさとホップの清々しさとほろ苦さが共存していて、旨味の中の苦みが特徴です。

　MATSUMOTO Traditional Bitter（マツモト・トラディショナルビター）は、白葡萄の皮と種を使ったオレンジワインに近い、豊かな香りとフルーティさが身上です。

　マリアージュに選んだのは、ご当地グルメの「山賊焼き・タルタルソースのせ」です。鶏もも肉をニンニクやタマネギを効かせた醤油タレに漬け込み、片栗粉をまぶして油で揚げます。

　外食だけでなく、家庭料理やスーパーで売られる総菜として内食としても楽しまれている、ソウルフードです。

　地鶏のジューシーさ、揚げた油分、タルタルソースが、料理の味わいを増幅させます。

　クラフトビールには、旨味のあるほろ苦さがあります。

　レモンを絞ってかけると、この酸味と苦味が、ビターエールによく合います。

また、ビールの酸味とレモンの酸味が合わさることで、甘味が増し、油を切ってくれる効果もあります。

「MATSUMOTO Castle Stout（マツモト・キャッスルスタウト）」
（黒ビール）と山賊焼きアレンジ
　黒ビールは焦がした麦芽を使いますが、この黒ビールは焦げ感のある香りの麦芽を、厳選して使っています。

　柑橘系の香りのあるホップのアロマが加わり、オレンジのビターチョコレートやコーヒーなど、大人の香りも楽しめます。

　先ほどの山賊焼きに、今度はたっぷり醤油をつけます。
　醤油は大豆を発酵したものなので、旨味がしっかりあります。
　発酵の制作過程はビールと似たタッチなので、相性がいいのです。

　醤油をつけた山賊焼きを食べた後に MATSUMOTO Castle Stout（マツモト・キャッスルスタウト）を飲むと、キャッスルスタウトが本来持っていたコーヒー感が影を潜め、醤油の甘辛さやタルタルソースの油分とのバランスが、絶妙になります。

　クラフトビールは土地に根付いた味なので、地元の料理とのマリアージュはロジカルです。

　ビールは日常のお酒ですが、時にはこのようにマリアージュして、ハレの日にも楽しんで欲しいものです。

ハードサイダー（シードル）

ハードサイダーはシードルとも呼ばれ、リンゴを主原料とした発泡酒です。長野県はリンゴの国内生産量が青森に次いで2位ですから、ハードサイダーの産地としてはうってつけです。

ワインのような厳密な製造規定がないため、自由に造ることができます。ハーブや果実、ホップなどを加えて、広がりのある風味を楽しむことができるのです。

以前は甘口が主流でしたが、今は辛口で食事とともに楽しめるものも、多くなってきました。

「サノバスミス」とリンゴの天ぷら

サノバスミスは、日本酒工房で発酵させたボタニカルサイダーです。低アルコールにボタニカルの香りを移すのは難しいのですが、タルトタタン（アップルパイ）やクマリン、シナモンの香りをしっかり感じます。

まず、リンゴの天ぷらに塩をつけていただきます。塩がリンゴの甘さを抑えつつ風味を引き立てるので、リンゴの味が冴えます。

次に、リンゴの天ぷらにシナモンとシュガーをつけてみましょう。これはもう、デザートです。

ハードサイダーとのマリアージュを、楽しんでください。

リンゴの天ぷらは、他のお酒でも楽しめます。

リンゴの天ぷらは長野ではポピュラーですが、他の地方の人にとっては驚きの存在のようです。

ぜひ全国の皆様にも、お酒とともに楽しんで貰いたいものです。

心と体の健康管理

　サービスは、体力勝負です。

　私も万歩計で計ったら、一日一万歩は歩いているでしょう。

　3〜4年前に、65歳までは現役で店に立ちたいと思いました。

　そしてそのためには、週一でマッサージに行くよりも、トレーニングで身体を作った方がいい、と考えました。

　ジムでは、筋肉トレーニングをしています。家ではストレッチをして体が硬くならないようにしています。また、マンションの階段を10階まで歩いて上がったり、近所を走ったりしています。

　筋トレは嘘をつきません。やったら必ず結果が付いてきます。

　おかげで最近は、背中に筋肉が付いたせいか、背広がきつくなってきました。

　健康管理には、もう一つ大切なものがあります。

　メンタルヘルスケアです。

　トレーニングは、私にとってストレス解消の一つにもなっています。トレーニングをしている時も考え事をしていないわけではありませんが、適度な身体の疲労が健全な睡眠へといざなってくれているようです。

　私は何があっても動じないように心がけています。

　とはいえ、私のメンタルの強さは人並みなので、平常心を保つことは簡単ではありません。

　そこで、行動を変えることで、動揺を抑えるようにしています。

　それは、いつもよりも「ゆっくり」行動することです。

　歩く時もゆっくり、話す時もゆっくりです。イライラしている時ほど、それを意識します。

　時には、クレーム対応を迫られる時があります。
　理不尽な言葉に頭にくることも、正直あります。
　かなりのストレスです。
　でも、逃げるわけにはいきません。私は店の責任者であり、店とスタッフを守る弁護士のような存在でもあるからです。

　そういう時ほど、ゆっくり話すように心がけます。
　すると、相手の言葉を冷静に聞くことができるようになります。
　聞くことは大切です。
　とことん話をすると、心は落ち着いてくるものです。
　相手がその状態になるまで、私はとことん聞き続けます。

　そして、こちらの至らなさを理解したら謝罪して、誤解であれば説明をします。
　その時にゆっくり話すと、相手は聞く耳を持ってくれて、時には安心感を持ってくれることすらあります。
　また、相手も同じようにゆっくり話すようになり、とげとげしい雰囲気が和らいでいくこともあります。

　どうやら「ゆっくり話すこと」は、自分だけでなく相手のストレスも軽減してくれるようです。

第3章

マリアージュの理論

基本的な構図

　料理のどこに「フォーカス」して、どこを「着地点」とするのか
が、マリアージュの基本です。

　料理とワインのマリアージュの流れを、構図にしてまとめてみま
した。感覚とロジックの共存がなければ、ただの自己満足になって
しまうからです。

インプット（知識・経験）

　料理を素材・部位・調理方法・調味料・ソースなどに、細かく分
解します。

　例えば牛肉は、調理方法によって味わいが大きく変わり、多様性
が生まれます。

　調味料や油分にも注視すると、料理の個性が際立ってきます。

　ワインは、テイスティングしてワインの香り・甘味・酸味・渋味・
ボリューム感・旨味・余韻など、風味を細かく分析します。

プロセッシング（処理）

　料理とワインを掛け合わせるのが、マリアージュです。

　考察の基本的な内容としては、ワインの地方性・お互いの味わい・
香りの強弱・バランスの調和などがあります。自分の中でワインと
会話してみましょう。

　私の場合は、その料理の「どの食材の、どの部分を引き出すか」
ということも考えます。

　また、「どの良さを引き立たせるか」によっても、選ぶワインは変わってきます。

　「料理の突出した特徴を際立たせる」というアプローチや、「料理の隠れた要素を引き出す」というアプローチもあります。

　この段階で一般的な常識や調和ばかりを考えてしまうと、楽しくも面白くもありません。

　選択肢は、たくさんあるのです。自分の本能を、信じてください。

　「お客様の要望」も、マリアージュの大切なポイントです。

　お客様の要望を的確に把握し、お客様が想像もしなかった期待や想像を遥かに上回る提案こそが、プロのソムリエの仕事です。

　要望を把握する術は、第4章「ソムリエの観察力」を参考にしてください。

際立たせるのか、引き出すのか

　その料理の「突出した特徴を際立たせる」のか、「隠れている要素を引き出す」のか、「付け合わせも含めたどこにフォーカスする」のかなどによって、マリアージュは変わってきます。

炭火焼き

　例えば、肉に塩コショウをつけて、炭火で網焼きします。そして、それを醤油につけて食する場合です。

　フォーカスすべき箇所は、肉の焼き目の香ばしい苦味、肉の内側の脂身の甘味、肉全体の旨味、醤油をつけた時の味わいなど、たくさんあります。

そしてそれによって、選びたいワインは微妙に違ってきます。
　そこで、「何を大切にしていて、何を伝えたいか」を、シェフと話さなければなりません。

　シェフが料理する過程など「隠れている要素」に言及した場合は、そのワードを逃がさないことが大切です。

　例えば「肉をしばらく寝かしている」「肉をマリネしている」場合は、肉質に旨味が出ます。
　「寝かせる」という隠れた要素を引き出すためには、少し寝かせたワイン、もしくはエネルギーを貰えるようなビオロジックワイン（自然派ワイン）が合います。
　「香ばしさ」という炭火焼きの特徴を突出させたいのであれば、樽香のあるワインが合います。樽発酵しているシャルドネや、果実を凝縮している味わいのワインなどです。

　食材の甘味や旨味に合うワインは、熟成しているものやカドが取れているもの、葡萄の木が古いものです。

レモン
　レモンは爽やかでフレッシュ、心地よい酸味です。
　酸味を緩和させてフレッシュさを残すには、酸味と酸味をぶつけるしかありません。涼しい地域の白ワインが合います。

バター
　バターは乳酸が入っているので、ヤクルトのようなミルキーさが

あります。

アロマティックな発酵をされていて、酸味がトロっと柔らかい、ブルゴーニュの白ワインが合います。

クリームを口に含んだみたいに感じたワインが合うので、赤ワインともいい相性です。

アウトプット（発信）

お客様も自分も楽しい、わくわくすると感じられるマリアージュを思いついたら、それをお客様に的確に伝える「言語化」が必要となります。

焼き目が香ばしいから樽香が合う、食材やソースがさっぱりしているから軽い白ワインが合う、味わいがしっとりしているから熟成したワインが合う、味付けが繊細だから寒冷地のワインが合う、食材もソースも力強いからフルボディのワインが合う、食材が旨味たっぷりだからコクのあるワインが合う、仕上がりが清々しいから酸味が際立ったワインが合う、などなどです。

第4章「ソムリエの言語力」を、参考にしてください。

お客様がそのマリアージュや説明に納得して喜んでくださるとは限りません。

しかし、お客様や料理、ワインとの出会いに感謝して、この食事で自分が役に立ちたいという思いがあれば、その後の会話は心地よく進んでいくはずです。

お客様とマリアージュの物語は、いかようにも広がっていきます。

図表）マリアージュの基本構図

1．インプット（知識・経験）

料理		種類	風味
			香り
素材	素材　肉・魚・貝など		甘み
部位	部位　ひれ・リブなど	赤	酸味
調理方法	ソテー・グリル・蒸し	白	渋み
	ロースト・揚げ		ボリューム
調味料	醤油・塩・胡椒	ロゼ	旨味
	酢・スパイスなど	泡	余韻など
油分	バター、オリーブオイルなど		

×
↓
↓
↓
↓

2．プロセッシング（処理）

マリアージュの考察
地方性・お互いの味わい・香りの強弱・バランスと調和 突出した特徴を際立たせる 隠れている要素を引き出す
お客様の要望 ➡ 第4章「ソムリエの観察力」

↓

3．アウトプット（発信）

言語化 ➡ 第4章「ソムリエの言語力」
香ばしいから、樽香のあるワイン
さっぱりしているから、軽い白ワイン
しっとりしているから、熟成されたワイン
繊細だから、寒冷地のワイン
力強いから、フルボディのワイン
旨味たっぷりだから、コクのあるワイン
すがすがしいから、酸味が際立ったワイン　など

二人のマリアージュ

『タイユバン・ロブション』や『タテルヨシノ』ではアラカルトのオーダーが多かったのですが、「メインは、私は仔羊」「私は鴨」、「じゃあ前菜は、私はラングスティーヌ」「私はフォアグラ」など食べたいものが違うと、どんなワインを選べばいいのか、多くのお客様は困るでしょう。

そういう時こそ、ソムリエの力が試されます。

「どのくらい飲まれますか？」「赤は一本にして、白はグラスかハーフボトルかなぁ。良さそうなのを紹介して」というような会話が始まります。

例えば、「ラングスティーヌなら白ワインですが、フォアグラなら赤ワインも合います。しかしボルドーの白だと、酸味が強くなくて面白いと思います。ハーブが効いているタイプなど、いかがでしょうか」というような提案をします。

仔羊と鴨の場合、まずはブルゴーニュとボルドーのどちらがお好きなのかを、把握します。

もしボルドーがお好みなら、ピションラランド、シャトーパルメなどメルローが少し多めなワイナリーがあるので、サンテミリオンの中でそういうものをお薦めすると、バシッと決まります。

ブルゴーニュがお好みなら、酸味のないものにします。仔羊も鴨がこなせるからです。

ワインの候補がいくつか見つかった場合は、女性の料理との相性を優先して、男性も満足するワインを提案する気遣いも大切です。

ワイン同士のマリアージュ

　マリアージュに、タブーなどないはずです。

　それでもいつの間にか、タブーと思い込んでいることがあります。
それは、ワイン同士をミックスさせることです。
ソムリエの呪縛、と言ってもいいでしょう。

　しかしながら、ミックスした結果、それぞれの良さを引き出すことができるのであれば、それもまた立派なマリアージュと言えます。

　ずいぶん昔のことですが、田崎真也さんがワイン会で、同じシャトーで違う年代のワインをミックスして「この方が美味しいよ」と供したことがありました。確かに、美味しかったです。

　しかしその時以来、巷のレストランでワインをミックスさせた提案を見たことはありません。

　考えてみれば、シャンパンやワインを使ったカクテルは古くから楽しまれてきました。ミモザ、ホワイトミモザ、シャンパン・ジュレップ、キール・ロワイヤルなどなど、快挙にいとまがありません。

　そうであるならば、シャンパンやワインをミックスさせてもいいはずです。
　それを「してはいけない」という呪縛に、ソムリエは囚われていただけなのかもしれません。

　やるかやらないかは、個人の自由です。

　何事も「やっていいんだ」と思って、トライする中で、成長が生まれます。

　ですから、やってみる価値はあると思います。

　留意すべきは、「そのワイン本来の良さを理解していて、ここがこうなればこうなると分かっていなければ、ワインの良さそのものを壊してしまいかねない」という点です。

　あくまでもそのワインに対してリスペクトを持ち、少しだけ変化を楽しむ、という姿勢が大切です。

　ワインを抜いてまだ硬いなと思った時に、簡単なデカンタージュをしますが、それは分子を分解させることです。

　それと同様に、ミックスさせることで分子分解を促す、という考え方です。

　また当然のことながら、ミックスしたものを＊＊ワインと言ってはいけません。

赤ワイン

　ある日、お客様との会話の延長で、赤ワインにシャンパンをミックスさせてみたところ、驚くべき化学反応が起こりました。

　それが、試行錯誤のスタートです。

　元々美味しくてボリューム感のある赤ワインに、シャンパンを２滴加えてみました。

　するとタンニンが溶けて酸が加わり、味わいが緻密になり、それまで突出していた旨味を後ろ側に感じるようになりました。

　エレガントに変化して、締まった味わいになったのです。

　水を１〜２滴加えると柔らかくなり、味もやさしくなります。

　しかし、シャンパンにはミネラル感と旨味があるので、ワインを引っ張って味わいに深みを与えてくれます。

　また、食事中のワインには、酸味が大事な要素になります。

　酸味を緻密に形成するためには、シャンパンの方が効果的です。シャルドネを合わせても、いいと思います。

　ただし、ボルドーワインで試してみたところ、タンニンが強いタイプは酸味が出てしまいました。要注意です。

　ブルゴーニュワインにオレンジワインとシャンパンを合わせてみると、際立っているものばかりを合わせたので、凄いことになりました。

　トップクラスの味になったのです。

白ワイン

　白ワインは、果実味と酸味のバランスがとても大切です。

　樽の効いた白ワインにシャンパンを一滴加えただけで、酸がきれいになり、魚介類により合うようになります。

　爽やかなワインにコクを与える場合は、味わい深い白ワインを加えます。すると、肉料理でも楽しめるようになります。

　赤ワインを加えると、ロゼとは似て非なるものになります。

　タンニンが程よく入ることで、滋味や旨味が加わり、軽い肉料理やカツオなど赤身の魚にも合わせられるようになります。

　白ワインとの相性が難しかった貝類や肝とも、なじむようになりました。

　これまでは、素材に油を加えたりして、上手にワインに近づけていました。

　例えば、塩辛と白ワインは生臭くなってしまう組み合わせですが、塩辛にオリーブオイルやハーブを入れたら味が滑らかになるので、ぴったりではないけれど、白ワインが飲めるようになります。

　しかしオリーブオイルを入れたら、もう塩辛ではなくなってしまいます。

　白ワインと合わなくはないけれど、ピントがずれた感じです。

　そこで、白ワインに一滴日本酒を加えてみたら、臭みが取れて、塩辛本来の味を楽しむことができました。美味しかったです。

　発想の転換です。

ボトルでペアリング

　ボトルのオーナーは、お客様です。お客様がやってみたいと思われたら、ミックスすることにトライしても構わないと思います。

　白ワインでもできますが、赤ワインの方がより豊かな変化を楽しめます。

　赤ワインは、抜栓後香りが立ったり味わいが豊かになったりするまでに、時間がかかります。温度を変えたりデカンタージュしたりすることと同じ目線で、アレンジしていきます。

　貝の場合は、ミネラルが欲しいので、シャンパンを加えてみます。

　魚の場合は、ミネラルと酸味が欲しいので、ソーヴィニヨンブランを加えてみてもいいでしょう。

　ほんの1〜2滴で大きな変化が現れ、その料理にバシッと合ってきます。

　オレ様的に威張っていた赤ワインが、シャンパンや白ワインを加えることで、少し奥ゆかしくなりました。

　オレ様的な美味しさも愛しいですが、それ以外の良さも引き出したいという、私なりのリスペクトです。

　そうこうするうちにボトルの中の赤ワインは硬さが取れて、肉の時にはちょうど飲み頃になっているでしょう。

　デザートに合わせて軽く飲みたいと思ったら、またシャンパンを加えてみます。

　いかがでしょう。一本のワインで、ペアリングのような変化を楽しむこともできるのです。

　当然のことながら、ミックスするたびに、最適と思われるグラスに変えて供します。

　あるジャーナリストの方が「ペアリングなんて止めてしまえ！」と、おっしゃっていました。
　多くのレストランのペアリングは、単なるマッチングに過ぎず、マリアージュには程遠いからだそうです。

　そうであるならば、一本のワインで変化を楽しんだ方が、むしろいいのかもしれません。

演出

　シャンパンなどをミックスさせる時、私はスポイトを使います。

　まずワインを注いで、「このワイン美味しいですよね。でもこの料理はこんな感じなので、ちょっとエレガントに変身させてみたいと思います」といった言葉を添えて、目の前で一滴入れてみます。
　このように見て分かる演出をすると、とても喜ばれます。

　飲んでみて「あー、ホントだ！」と言う方もいれば、「なんか薄くなっちゃった」と言う方もいらっしゃるでしょう。
　しかしそれで料理が美味しくなるのであれば、チャレンジする価値は大いにある、と私は考えます。

マリアージュとU理論

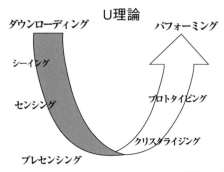

C.Otto.Sharmer著「Theory　U」より引用・アレンジ

　マリアージュを考える時のプロセスを、私なりに説明したいと思います。ベースはU理論です。

　U理論は、思考を深め実現するまでのプロセスです。
　これに当てはめると、マリアージュの基本的な構図であるインプット、プロセッシング、アウトプットを、より段階的に理解できるようになります。
　また、自分が行き詰った時に、「自分が今、どこの段階で立ち止まっているのか」を、確認できるようにもなります。

レベル1　ダウンローディング

　ダウンローディングとは、これまで培ってきた自分の「知識や経験を再現すること」です。
　最近は、分からないことがあると、パソコンやスマホで検索して

ダウンロードして、いとも簡単に情報を得ることができるようになりました。それでは、自分で培ったものとは言えません。

また、何をどうやって検索するかを決めた時点で、既に「自分の固定観念や先入観というフィルター」がかかっています。

経験も、それを理解したり判断したりする過程で、自分の固定観念や先入観というフィルターがかかっています。

本やワインスクールで学んだ知識や、仕事で得た経験を頼りに考えることが、いかに限定的で浅い思考なのかが分かります。

レベル2　シーイング

シーイングとは、「事実を受け止めること」で、百聞は一見に如かず、目の前の現実を見る（知る）ということです。

私は何事も「困ったら、入り口に戻る。行き詰ったら、初心に戻る」ことを心がけています。そうすると、鮮明に見えてくることがあるからです。

ワインに関しては、テイスティングがその入り口であり、目の前の現実です。

ワインは画一的に分析され、評されることが珍しくありません。

しかしたとえ葡萄の品種や産地、ワイナリー、造り年などが同じであったとしても、ボトルによって味は微妙に違います。保管状況や飲む日の気候などによっても、味は違ってきます。

これまでの知識や経験というフィルターを取り除き、目の前のワインと向き合い、その味わいや広がりを率直に受け止めることで、

思考が更に深まります。

　ワインに「こういう味がするんだね。こういう香りが出るんだね」と語りかけていると、不思議とワインに対して優しい気持ちになり、ワインも優しく語りかけてくれるような気がします。

　口の中でワインと会話しながら、特徴を整理して、いいと思ったところやそうでないところをピックアップします。

　これは人間関係と同じです。「こういう人だと聞いている」「こういう人なんじゃないかと思う」などの雑念を捨て、今目の前にいる人と向き合っていると、その人本来の姿が見えてきます。

　ワインも人も、忌憚なく向き合っていると、いいところが見えてくるものです。

レベル3　センシング

　センシングとは、「自分のことのように感じること」です。

　丁寧に葡萄を育ててくれた農家や醸造してくれたワイナリー、そのワインを見つけ出し供給してくれたインポーターやサプライヤーの思いに共感し、感謝するレベルです。

　私は、できる限りいろいろなワイナリーに足を運び、生産者に会いたいと思っています。

　皆さんそれぞれ豊かな経験値を持ちながらも、それに甘んじることなく、発酵や温度や酵母などの技術を磨き続けています。天候に左右されたり、厳しい製造工程であったりと、難しい局面に常にさらされているはずですが、その真摯な姿の根底には、プロフェッショナルとしての矜持が厳然と存在しています。

　同じワインの世界でプロフェッショナルを目指す私は、心が震え、敬服するばかりです。

　お客様の心に寄り添うことも、大切です。
　私達ソムリエは、ワイン評論家ではありません。
　ワイン評論家は、ワインジャーナリストとしてワインを客観的に評価したり、点数化したり、論じたり、書いたりします。
　ソムリエも、ワインのいいところを見つけてお客様に伝えないといけないので、そういう観点は大切です。
　しかし、ソムリエはそれにプラスして、「どのようなマリアージュをして、どのようにサービスをして、どのように料理を食べていただいたら、お客様に幸せになって貰えるか」ということを、考えなければなりません。
　そして、お客様の思いに共感し、お客様を尊重したマリアージュを考えます。

　シェフの気持ちに寄り添うことも、大切です。
　ワインバーと違い、レストランのワインは「料理と合わせると、面白いことが起こるかどうか」ということが、大切です。
　まずは、シェフがいかに食材を愛し、料理で何を伝えたいのか、そのフィロソフィーを理解し共感することで、初めて料理を活かし、ワインも活かすことができるようになります。

　「知識と経験」、テイスティングで得た「真実」、ワインに関わる全てに対する「共感」という段階を経て、更に思考は深まっていきます。

レベル4　プレセンシング

　プレセンシングは、U理論を作ったオットー シャーマー先生（MITマサチューセッツ工科大学）の造語で、「プレゼンス（出現する）とセンシング（感じ取る）を合わせたもの」です。

　「まだ見ぬ世界が出現する」と感じる瞬間だそうですが、私流に訳すると「閃く」という感じでしょうか。

　何事も、深く、深く、考え続けると、突然閃くことがあります。

　「神が降りてきた」という言い方もありますが、「あ！これだ！」「なんで今まで気づかなかったんだろう？」という瞬間です。

捨てる

　この閃きをたぐり寄せるために、必要なことがあります。

　それは、「捨てる」ことです。

　レベル1 ダウンローディングでも書いたように、知識も経験も自分の固定観念や先入観というフィルターがかかっています。世の中には常識という、社会的な固定観念も存在します。

　それらを捨てなければ、閃きは手に入れられません。

　どんなに考えてもアイデアや解決策が出てこない時は、このフィルターに取り囲まれている状態であることが、珍しくありません。

　固定観念や先入観、ましてや常識を捨てることは難しいことです。

　批判されるかもしれないと考えると、怖くなります。

　私は、NHKテレビの「あてなよる」という番組で、有名な料理研究家大原千鶴先生の素晴らしい料理を活かすための飲み物を提案

しています。それはワインに限らず、日本酒、焼酎、バーボン、ウイスキー、マッコリ、カクテルなどなど、実に様々です。

　初めて出会う料理に対するマリアージュは、いつも緊張します。
　そのうえ、マスメディアのテレビ番組なので、衆目の的です。
　ましてや、掟破りとも言えるような組み合わせです。
　面白おかしくやって、ウケを狙っているわけではありません。大真面目です。
　とはいえ、視聴者の皆さんの評価が怖くないわけがありません。
　「なんて言われるだろう？」「やっていいのかな？」と考えると、最初は身がすくむ思いでした。

　しかし、「自分は、料理や飲み物の美味しさを知っている。その美味しさを増幅させるのであれば、問題ない！」と開き直ったら、不思議なことに怖くなくなりました。
　そして怖さを捨てたら、いろいろな楽しいアイデアが次々と閃くようになりました。

　マリアージュの飲み物を見極める時は、とにかくテイスティングです。目を閉じて味わいや広がりを体全体で感じ、「自分がどういうシチュエーションで飲みたいか」などを、思い浮かべます。
　そして、わくわくすることが浮かばない時には、その料理と相性が合わないのだと思って、却下します。

　わくわくすることが浮かんで来たら、知識や常識を捨ててみます。そうすると、料理や人とリンクできるようになるものです。

ワインを先に選んだ場合は、「どうしたらこのワインを一番活か
せるか」を見極めることが、重要です。
　その時も、過度な情報は捨てていかないと、閃きは起こりません。

　レベル2 シーイングでワインと真摯に向き合い、レベル3 セン
シングでいろいろな人に共感し、固定観念や先入観、常識を捨て去
って初めて巡り合える「閃き」は、思考が一番深まった段階であり、
Uのカーブの一番下の部分です。

レベル5　クリスタライジング

　クリスタライジングとは、「結晶化すること」です。
　閃きをぼんやりした状態のままにせず、はっきりとした形に見え
る化をして、受け入れる段階です。

　いくらいい閃きを得ても、そこで満足してしまっては、何の意味
もありません。
　「やってみよう！」と思って初めて、物事は先に進みます。
　実行あるのみです。

　私は閃いたら、メリットもデメリットも、全て箇条書きするよう
にしています。私なりの結晶化です。
　そうすると、閃きを実現するための具体的な道筋が見えてきます。

　わくわくが、止まりません。

レベル6　プロトタイピング

プロトタイピングとは、「原形を作ること」です。

そして、少しずつ、小さな成功体験を積み重ねていきます。

トライ＆エラー

「失敗は、当たり前！」と腹を括れるかどうかが、大きな分岐点になります。

閃きを実践してみたら、成功することも失敗することもあります。しょせん閃きなのですから、それでいいのです。

「どこがいいのか、よくないのかを知ること」が目的です。

「とにかくやってみる」ことに大きな意義があります。

しかし、この「やってみる」という第一歩を踏み出せない人が少なくないもの、事実です。

結晶化してみると、マイナスだと思っていたことをプラスに変えられるアイデアを見つけることもあります。

前述したように、熟成が進んでしまったワインの場合、熟成した肉との愛称は抜群ですから、胸を張って提案できるようになります。

自分がわくわくする閃きを、ぜひお客様に提案してみてください。

そこでお客様が好意的な反応をしてくださったら、とても嬉しいし、励みになります。

修正のチャンス

面白いと思ってやってみても、うまくいかない時がもちろんあります。

そこで興味を失わず、うまくいかないことも面白いと思って、やり続けることが大切です。

興味を持ち続けていると、修正する時に「失敗した」という負の感情を持つことがないので、自分を否定することに繋がりません。

お客様には受けなかったという現実は、修正のチャンスです。

「もっと面白いことを見つけるチャンス」でもあります。

レベル7　パフォーミング

最後の段階は、「実行すること」です。

トライ＆エラーや修正を経て成功体験が積み重なったら、斬新なマリアージュができるようになります。

ソムリエとしては、お客様に商品として提案することが、この段階です。

お客様はお金を払う立場であり、お店はお金をいただく立場なので、相反する立ち位置です。しかし、お客様に喜んでいただきながら、お店に利益をもたらすことは可能です。

なぜならば、これまでの思考のプロセスで、お客様の気持ちに寄り添ってきているからです。

と同時に、生産者やサプライヤーなどワインに関わってくれた人達や料理を作ってくれたシェフへの感謝も、持ち続けています。

ですから私は、私のマリアージュに誇りを持つことができます。

そして、お客様に対しても、生産者達に対しても、シェフに対しても、最高の仕事ができたと、確信することもできます。

ソムリエの「存在意義」

「みんなのお役に立ちたい」という気持ちを、ワインのマリアージュというソムリエの務めを通して体現できることで、私は自分の存在意義を感じられるようになりました。

　生まれてきてよかった、ソムリエという仕事に出会えてよかった、生まれ変わってもまたソムリエになりたいと思えるのは、そのおかげかもしれません。

　自分の思考のプロセスを見つめ、尊敬と感謝の気持ちを持ち、時には何かを手放す覚悟を持てば、何か新しいものと遭遇し、それを受け入れる勇気が舞い降りてくるような気がします。
　ぜひ皆様にも、この「U理論」を活用して貰いたいと思います。

第4章

ソムリエの観察力と言語力

ソムリエの観察力

５Ｗ１Ｈ

「お客様は、何を望んでいるのか」を知ることが、接客の第一歩です。

　お客様の情報を、５Ｗ１Ｈを意識しながら収集し、分析することは、お客様の要望を見落とさずにワインを売る方程式の一つです。

When（いつ）

四季　日本人は、好ましいと思う感覚が季節によって違う
　　　　春：躍動、夏：清涼、秋：豊潤、冬：温暖など

時季　ホリデーシーズンなど

時間　来店時間・退店時間など

天候　天気・温度・湿度・体感温度や日差しの有無など

Where（どこで）

周りが目に入る時、高揚したり落ち着いたりする環境

お店、家、屋外、席など

Who（だれと）

誰と飲むかによって、全部変わる

お金の使い方まで変わる

What（何を）

ペアリング　／　ボトルワイン

Why（なぜ）

　ワインを飲む意味や目的

　会食、接待、お祝い、記念日、イベントなど

How（どのように）

　その人にとって、一番落ち着く空気感

　ゆっくり、ゆったり、にぎやか、楽しい、時間内など

　量（たくさん・少し）

例）─────────────────────────────

　　夏の夕方６時、店の中は涼しいのですが、来店直後のお客様は少し汗ばんでいます。体感的にはまだ暑いようです。　　（When）

　　カップルなので、外が見える窓際の席にします。　　（Where）

　　しばらくは体感温度が高いでしょうし、外は夏の日差しが残っているので、冷たいシャンパンで一息ついて貰うことにします。

　　　　　　　　　　　　　　　　　　　　　　　　　　（How）

　　お客様は、落ち着いた年代の女性と男性です。

　　女性は、装いや立ち居振る舞いから、銀座のクラブのママだと思われます。銀座では、開店前にお客様と食事をし、そのままお店に向かわれることが、珍しくありません。開店時間は８時30分なので、食事は８時頃までに終わらせる必要があるかもしれません。

　　しかし、シャンパンをゆっくりと飲んでいらっしゃるので、女性は、時間に融通の利く立場とも考えられます。

女性はワインが好きだけど詳しくないであろうことが、会話から窺えます。

　男性は「ボトルにしたいけど、僕はワインに詳しくないから、彼女に任せる」、女性は「ソムリエに、お任せします」とのこと。
　　　　　　　　　　　　　　　　　　　　　　　　　　　　（Who）

　男性は、女性を喜ばせることが一番の目的だと思われますし、見栄もあるでしょう。　　　　　　　　　　　　　　　　　（Why）

　そこで、女性を喜ばせるために、知名度が高く、男性に恥をかかせない程度に値段の張るワインを提案します。

　ただし、女性がママクラスではなくお店の女の子の場合は、もう少し安いものを提案するでしょう。

　「赤ワインを一本、ゆっくり飲みたい」とおっしゃるお客様は、深く熟成したワインを好まれる場合が、少なくありません。

　「飲みやすくてしっかりワイン」というご要望ならば、カリフォルニア系が好きなのかな？と予測して、暖かい地域で果実味のあるワインを提案します。　　　　　　　　　　　　　　　　　（What）

　二人は会話を楽しみたいと思われるので、ワインや料理の説明やお声がけは最小限にして、なるべく介入しないようにします。
　　　　　　　　　　　　　　　　　　　　　　　　　　　　（Why）

　シャンパンの飲み方を見ていると、あまりお酒が強くない印象なので、ワインを注ぐペースはゆっくり目にします。　　　（How）

　お客様の雰囲気や仕草、装い、女性のワインの説明に対する反応などを見て、「この方は、こんなのを飲んだら喜んでくださるだろう」と、推測します。

　結局男性は、女性が喜べば、高いものが高くなくなるものです。

高レベルの観察

　要望を伺う際には、最新の注意を要します。

　なぜなら、お客様は「本音」を言うとは限らないからです。

　時には、お客様ご自身が自分の「真意」に気づいていないことも
あります。

　そこで求められるのは、高レベルの「観察力」です。

　ここでは、5レベルに分けて説明したいと思います。

レベル1　見る・聞く

　目の前の映像や音声を受け止めるだけのレベルです。

　最近の居酒屋や回転寿司では、タブレットでオーダーすることが
できますが、そのレベルです。

　通信販売も、このレベルとなります。

　当然のことながら、このレベルのソムリエはお給料を貰う価値の
ない存在です。

レベル2　観る・聴く

　観るは、「観察」にも使われるように、察するという行為が加わ
ります。観て聴いて「察する」ことは、とても美しい行為です。

　しかし、察することには大きな危うさが潜んでいます。

　なぜなら、察することは自分の判断に基づいた「主観的な行為」
だからです。

自分のものの見方には、これまでの経験や知識などから形成された固定観念や先入観というフィルターがかかっています。

　そうであるならば、フィルター越しに観て察したつもりのお客様の要望は、お客様の本音や真意と同じとは限らないということです。

　ですから、相手の本音を探るための「手掛かり」を見つけることが求められます。

目は嘘をつかない

　私はいつも、お客様の「目」を手掛かりにしています。「目は、口ほどにものを言う」どころか、「目は、嘘をつかない」からです。

　嬉しい時、悲しい時、怒っている時、困っている時、イラっとしている時など、目の表情は如実に変わります。

　目からお客様の本音や真意を読み解くことが、本当の意味での接客の始まりです。

　目線を逸らしていたら、緊張しているのかもしれません。自信がないのかもしれません。恥ずかしいのかもしれません。

　そういう時は、しばらく席から離れて、見守るようにします。

　そして目線が上向いてきたら、さりげなく席に近づき、たわいない会話からご意向を推し測ります。

　落ち着かない様子できょろきょろしている方は、緊張している場合が珍しくありません。「お水でもお持ちしましょうか?」など、返答していただけるような会話をします。

　一言でも声を発すれば、お客様の心が落ち着くからです。

ワインリストから読めるお客様の心理

お客様にワインを提案する時は、当然のことながら「お客様の懐具合を鑑みる」ことが大切です。

『タイユバン・ロブション』のワインリストは大きな見開きページになっているので、お客様の気持ちは目線で分かりました。

下の方を見ていたら、そこはヴィンテージのゾーンなので、高いワインを薦めても大丈夫だなと予測できます。

上の方を見ていたら、まずリーズナブルなワインを提案することを考えます。

ただし、良かれと思ってリーズナブルなワインを提案しても、「俺に、そんな安いワインを勧めるなよ」と、逆に気分を害されるお客様もいらっしゃるので、ここは慎重に見極めます。

ワインリストを手にした後も目を逸らすお客様からは、自信がないことが伺えます。

そこで最初は、丁寧な言葉遣いでワインに関する説明をするのですが、お客様が私の目を見て聞くようになると、少しフレンドリーな話し方に変えます。その方がリラックスしていただけるからです。

そして、ホッとしたような眼差しに変わってくると、自分は信頼されていると感じることができるようになります。

リストの上で目線がずっとさまよっている場合は、どのワインにしようか迷っています。

その後リストをパタッと閉じるお客様は、ワインが決まった場合もありますが、「どうしよう、早く来てアドバイスしてよ」という気持ちの場合もあります。

その気配を察知したら、「何かお手伝いしましょうか？　どのようなワインがお好みですか？　今日の料理でしたらこのワインがよろしいかと思いますが」というように、お声がけします。

　早くオーダーを済ませて、お客様の気持ちを楽にして差し上げたいからです。

　いつまでもリストをじっくりと読んでいるのは、ワインが好きなお客様で、30分眺めていることも珍しくありません。

　そういう方は、おしゃべりも大好きです。

　「私はこのワインがいいと思うけど、あなたはどう思う？」と話しかけてくるお客様も、結構いらっしゃいます。

　それにとことんお付き合いできるのは、熱田貴さんのような重鎮のソムリエです。私のように何卓も担当していると、そういうわけにはいきません。

　ただし、そういう時にイライラするのは論外です。

　時には、ワインの知識合戦になることもあります。

　「それは違いますよ」とバシッと言う場合もありますが、それを喜んでくださるお客様と怒ってしまうお客様がいらっしゃるので、そこは目を見て、そういう会話を楽しんでいるのかどうかを見極めるしかありません。

　お客様の優越感を大切にするのもソムリエの大切な役割の一つですから、私の一言一句に対するお客様の目の表情を読み解くのです。

テイスティング

テイスティングの時も、お客様の目で満足度が推し測ることができます。美味しいと思ってくださる時は、目が輝いたり、瞳孔が開いたりします。

逆に目を逸らしたり、目線が厳しいと感じた時は、おそらく何かご不満なのです。その時は、このワインをどう変えようか？ 何が足りない？ など、頭をフル回転させます。

提案への反応

メインの料理が「鳩とフォアグラの＊＊焼き」などの時に、「ピノノワールって合います？」と、尋ねられることがあります。

言葉を濁す場合もありますが、「NO！」とはっきり言うことも珍しくありません。ご存じのように、濃厚なタイプのワインの方が合うからです。

「フォアグラには、酸味のあるワインは合わないと思います。この料理はこういう香りがありますから、フルーティなワインはちょっと頼りないですし、酸味があると更に酸っぱくなるので、違うものにされませんか？」といった具合です。

「それでも飲みたいなぁ」とおっしゃるのなら、「それでは今じゃなくて、他の時に飲んでください」と、お願いします。

あえて合わない料理では悪役にさせて、合う料理でヒーローにすることは、お客様の好みを理解して尊重することに相反することではありません。

私はワインを俳優だと思っていて、ここではこの俳優でさりげなく雰囲気を出す、ここではこの俳優でインパクトを残すなど、料理

との相性を舞台での演出のように考えるので、「このピノノワール を活かす、他の場所を探す」のです。

　そして、試しに、ピノノワールを少し飲んで貰います。たった何 ccのワインですから、お金をいただかなくても全然構いません。
　ただ、違いを知って欲しいのです。
　確かにフォアグラにピノノワールは合わないと分かると、信用して貰えるようになります。

　ただし、このようなやり取りを受け入れてくださると思える方に しかやりません。
　このような提案を受け入れてくださるかどうか、それはお客様の 「分かりました」の反応で分かります。
　もし目を逸らし気味での「分かりました」でしたら、それ以上話 を続けず、お客様の希望を優先します。温暖地のピノノワール、例 えばカリフォルニア産なら、なんとか合うと思います。
　それで満足して幸せになる方もいらっしゃるのですから、それも 間違いではないのです。
　もし目を輝かせての「分かりました！」でしたら、興味を示して いて、わくわくしたいと思っている方です。私としては、ここでお 客様を開眼させて、新しい体験をしていただきたいと思います。

　「あ！オレンジワインだ！」と思いがけない出会いに嬉しそうに 目を見開いてくださるなど、好奇心旺盛な反応は、ペアリングで次 のグラスを見極める参考になります。
　少し冒険したペアリングも、とても喜んでくださるからです。

スタッフの「目」

スタッフも、お客様と同様に、目がものを言います。

私は、朝の挨拶でスタッフの目に注目しています。

私ときちんと目を合わせて挨拶する時は、目が輝いています。

そしてそれが、モチベーションの高さと自信と楽しそうな雰囲気を醸し出しています。

逆に目を逸らす時は、何か迷いがあったり自信がなかったりしている状態です。

できるだけ時間を取って話をするようにしていますが、それが時間的に難しい場合は、その日の仕事ぶりをいつも以上に細やかに見守るようにしています。

十四の心で「聴く」

聴くとは、十四の心を持って耳で聞くことです。

では、ソムリエはどんな心を持って聞いているのでしょう。

喜んで欲しい、楽しんで欲しい、お役に立ちたいなど「ポジティブな心」でしょうか。面倒くさい、早く済ませたいなど「ネガティブな心」でしょうか。

その数のバランスによって、思い浮かぶ提案は変わってきます。

お客様に寄り添ったポジティブな心を数多く持ちながら浮かんだ提案であれば、たとえそれがお客様に否定されても、ソムリエとしての誇りを失うことはありません。しかし、ネガティブな心を数多く持ちながら浮かんだ提案を拒否されたとしたら、自分でも気づかないうちに誇りを失ってしまうかもしれません。

トーン・間

　お客様の声から何かを察する時には、言葉以外にも手掛かりがあります。

　声の口調の「トーン」には、メッセージが込められています。

　同様に、「間」にも、メッセージが込められています。

　言葉は話し手が意識して選ぶのでなかなか本音は見えませんが、トーンや間は無意識なので、本音が滲み出るのです。

　例えば「いかがでしょうか？」という問いかけに対する、お客様の「いいね」です。ソムリエはお客様に賛同して欲しい思いがあるので、「いいね」と言われたら、その言葉に飛びつきがちです。

　張りのある明るいトーンで即時の「いいね！」は、ほとんど問題ないでしょう。

　しかし張りのない静かなトーンで少し間の空いた「…、いいね」では、本当はそう思っていないことが無意識に表れている可能性があります。お客様に寄り添う「心」が、求められます。

　スタッフの「大丈夫です」も、同様です。

　上司は、「大丈夫？」と問いかけた時、無意識に「大丈夫です」という返答を期待しています。ですからスタッフが「大丈夫です」と答えたら、それを鵜呑みにしがちです。

　スタッフのトーンや間から、本音を探りましょう。

　ちなみに、目上からの「大丈夫？」はNGです。

　どれだけのスタッフが「いいえ、大丈夫ではありません」と言い

返せるでしょうか。

「大丈夫？」ではなく、「何か問題ない？ 困ってない？」など、スタッフが本音を言いやすい質問をすべきです。

レベル3　訊<ruby>訊<rt>き</rt></ruby>く

自分が察した内容が正確なのかどうか分からない場合は、質問をして、確認することが大切です。

質問は知的作業

質問をすることが苦手な人がいます。相手の世界に土足で踏み込むようで、失礼に感じてしまうからです。

お客様に対してでは、尚更でしょう。

しかし、質問は「相手のことをもっと理解したいと思ったり、知らないことを知ろうと思ったりする、知的な作業」です。

プロのソムリエとして、胸を張って質問しましょう。

言葉は、肝心なことを省いていたり、あいまいな代名詞や動詞を使っていたりと、不明確なことが珍しくありません。

また、高い、安い、軽い、重い、フルーティ、スパイシーといった感覚の程度は、人によって様々です。

お客様の言葉を「自分流に察した」ことが大きな誤解に繋がることは、絶対に避けなければなりません。

要確認です。

気づきのチャンス

質問には、もう一つ大きな意味があります。

こちらからの質問に答えようとする時、人は心の中で内的会話を始めて、答えを探します。すると、自分の考えがより明確になったり、新しい気づきを得られたりことがあります。

例えば「今日は、どんなワインがお好みですか？」と質問した時、「あ～、いつもは○○だけど、今日は××の気分だな」などと思い至ったり、「今日は、△△を試してみよう」などのアイデアが浮かんだりしたら、お客様はその質問を嬉しく思うでしょう。

その日の食事がより充実することは、言うまでもありません。

質問の約束事

質問することで相手に答えを求める以上、こちらも真摯な立場でいなければなりません。

1. 倫理性

   お客様から特定の答えを引き出すような、誘導する質問はしないように心がけます。

2. 好奇心

   質問の対象は、あくまでも「ワインの要望」です。
   お客様のプライベートや自分が聞きたいことではありません。

3. 答えはお客様の中にある

   質問されると、お客様は一生懸命に考えてくださいます。

その結果は「分かりません」や「お任せします」かもしれませんが、それもお客様の答えです。

会話の中の沈黙を恐れてついつい言葉を発してしまう人がいますが、沈黙には意味があります。悩んでいたり、言葉を探していたり、時には気分を害していたりと、様々です。
その気持ちに寄り添って待つことが、求められます。

お客様がこちらの言葉を欲している時、お客様はこちらの目を見てきます。その場合は、こちらから助け舟を出したり提案をしたりします。

レベル4　尊重する

丁寧に観て、聴いて、訊いたことで、お客様の本音や真意が見えてきます。
そこで大切なのは、その本音や真意を評価しないで、「尊重する」ことです。

自分の価値観と違う場合もあるでしょうが、違う＝間違いではありません。
そもそも自分と100％同じ人はいるはずがなく、自分と違う＝間違いだと思っていたら、周りは間違っている人だらけです。

大切なのは、その人の考え方や世界観を尊重することです。
ただし、同意する必要はありません。あくまでも、尊重です。

もっともな動機

人の言動の背景には「もっともな動機」があります。

例えば、何が何でもソムリエの提案を否定したがるお客様がいるとします。

もしかしたら、客として自分を上位に置くことで、優越感を感じたいのかもしれません。

自分の知識を披露することで、連れの方の尊敬を得たいのかもしれません。

否定することで、お客様は自分の自尊心を守ることができます。

軽く見られるかもしれないという恐れから、自分の心を守ることもできます。

やたらと否定ばかりすることはいかがなものかと思いますが、自分の心を守りたい、という動機は理解できます。

もっともな動機を理解すると、ネガティブな言動に遭遇しても、「あぁ、相手は自分のことを守りたいんだな」と思いやることで、ソムリエが自分の心を守ることにも繋がります。

これが、一番大切なことかもしれません。

レベル5 聴

　最後のレベルは、聴、一文字で「きく」と読みます。

　この漢字には、大切な意味が詰まっています。

　「耳」は、大きな耳で丁寧に聴くという意味です。

　一見「王」に見えるのは「壬」で、真っ直ぐ立つという意味で、相手の真正面に体を向けて話を聴く、ということです。

　真摯に向き合うことを姿勢で示すと、相手は安心感を得られます。

　「十」と「四」は、十の目線を持つということです。

　レベル2では数多くのポジティブな心を持って聴きましたが、それはあくまでも自分の主観です。

　このレベルは、俯瞰した視点や客観性も持ちながら、聴くということです。

　「一」と「心」は、二心を持たず、話を聴くということです。

　余計なことを考えず、相手の話に集中します。

　聴は、「ゆるす」とも読みます。

　レベル4の「評価しない」を昇華させると、この境地に達するのかもしれません。

　人として、あるべき姿だと思います。

ソムリエの言語力

　プロのソムリエは、「言語化」に長けています。

　お客様が楽しい、もしくは楽しそうと思わなければ、ソムリエの言葉に意味はありません。

　そこでまず、自分が心から楽しいとか好きだと思うことを、ひたすら言葉にして伝える練習をします。

　人はそれぞれ得意分野があり、好きなものがあります。

　内容は、ワインでなくても構いません。

　ただ私が思うに、絵画や映画、ファッションなどに関する表現は、ワインと共通する言葉が多いように思います。

　ただし、相手にも楽しんで貰いたい、好きになって貰いたい、という強い気持ちが必要です。

　言語化する練習を重ねていくと、新たな言葉が閃き、料理やワインの世界がより膨らんでいきます。また、内容が明確化していくので、形容詞などのボキャブラリーが豊富になり、軽いと軽やかの違いなど、言い回しも丁寧になっていきます。

　話し方の工夫も、大切です。

　言葉の強弱、スピード、声のトーンなどです。

　私はNHKテレビの「あてなよる」に出演することで、それを多く学びました。ポイントだと思う点は、ビシッと力強く発生したり、間を取ったりします。「…」とあえて余韻を残すような言い方をして、相手に考えて貰う機会を設ける時もあります。

　話し方でプレゼンテーションの効果は大きく変わっていくのです。

リアリティ

　現地のワイン生産者に会うことを、強くお勧めします。なぜなら、そのワインを、よりリアルに表現できるようになるからです。

　私は、ボルドーやブルゴーニュなどフランスの名産地はもちろんのこと、日本でもワインの営業担当者や店の若いスタッフから情報を貰えたら、できるだけ足を運びます。

　実際現地に行くことと、インターネットで見聞きすることでは、圧倒的な違いがあります。

　そのワイナリーがどれだけ遠いのか、どれだけ広いのか、どれだけ寒いのか、どんな風が吹いているのか、その場に立ってみなければ分かりません。

　生産者に関しても、そのテクニックだけを伝えても、お客様の心を動かすことはできません。

　どんな風貌で、どんな考え方をしていて、どんな思いでワインを造っているのか、会ってみれば分かります。

　醸造する場所を見ると、その過程や清潔感などから、そのワイナリーのフィロソフィーまで、見えてきます。

　そういう人柄の誠実さや温かさを感じ取って初めて、そのワインに対するリスペクトと愛着が、お客様に伝わります。

　ボルドーって、フランスの南西部にあって、海みたいな川がゆったりと流れていて、橋が２つしかないんです。郊外に行くと葡萄園がどこまでも広がっていて、空も広く感じます。　　（視覚）

　海洋性気候なので、夏は暑くて、でも冬は雪が降ることもある。日本で言えば、どこでしょうね。　　　　　　　　　　（体感）

　そこでこのワインを造っている人は、凄く頑固なんです。凄く真面目で、いいワインを造るんですよねぇ。　　（体感・データ）

　そこに行った時、風が凄く気持ちよかったです。葡萄畑を通ってくる風は、ちょっと甘く感じるんですよ。　　　　　（体感）

　その畑にはカベルネって葡萄があって、2015年は天候が良かったんですよ。　　　　　　　　　　　　　　　　（データ）

実際に自分が行って感じた言葉には、リアリティがあります。
　するとお客様は、その情景をありありと思い浮かべ、行ったことがなくても旅した気持ちになってくれるでしょう。

「行ってみたいなぁ」と思ってくださったら、共感してくださったということです。そして「美味しい」と思ってくださったら、私達は共犯者になったということです。

感覚の言語化

　味覚は、言うまでもなく「感覚」です。ソムリエはその感覚を研ぎ澄ませなければなりません。そこまでは、当たり前の話です。

　その感覚を「言語化」するのが、接客です。そして、お客様に共有していただけない限り、その感覚は自己満足にすぎません。

　気をつけなければならないのは、「自分の感覚に基づく『表現』だけで話していないかどうか」です。

　初めてのお客様でも話が弾み、いつまでも会話が続く場合は、お互いの表現が似ている場合が少なくありません。お客様も、居心地がよさそうです。

　一方、大好きなお客様であってもなかなか話が続かない場合は、表現が違っているのかもしれません。それでは、お客様は居心地が悪いし、共感もして貰えません。

　そこを把握しておかないと、「あのお客様は気が合う」「あのお客様は苦手」という意識をいつの間にか持ってしまい、それが接客にも影響を及ぼしてしまいます。

　どんなお客様とも会話を楽しく続けられるソムリエは、お客様の表現に合わせることができています。無意識かもしれません。

　おそらくアンテナを持っていて、何気なくやっているのでしょう。

　お客様には会話を主導しているように感じさせながら、実はソムリエが主導して会話をすることができています。

　結果、売れるソムリエです。

五感のバランス

　私が料理やワインの言語化をする時に、意識していることがあります。それは、説明の中に視覚・聴覚・味覚・嗅覚・触覚をなるべくバランスよく織り交ぜることです。

　感覚とは、情報を処理する能力です。それは五感に大別されていますが、そのバランスは皆が同じとは限りません。
　ある人は「視覚」が特に鋭い、ある人は「聴覚」が特に鋭い、ある人は「味覚」が特に鋭いなど、五感のバランスは人様々です。

　例えば「あなたの好きなお店は、どんな店ですか？」と聞いてみると、その差が見えてきます。
　インテリアや料理の見た目などに惹かれ、写真や動画のようにその店を思い浮かべ、それを言葉にする人は、「視覚」が他に比べて鋭いと考えられます。

　店にいる時に耳にした音楽や会話を思い出したり、具体的な値段やコストパフォーマンスなどデータ的なものに惹かれたりする人は、「聴覚」が比較的鋭いのかもしれません。

　その時の雰囲気を思い出してあったかい気持ちになるなど、居心地の良さに惹かれる人は、「触運動覚（視覚や聴覚以外の体感)」が鋭いと考えられます。

　視覚が鋭い人が同じく視覚が鋭い人に対して説明するのであれば、相手は理解しやすいし、共感も得やすいでしょう。

　しかし、聴覚や触運動覚の鋭い人は、内容は一応理解できたとしても、共感まで得られるかは疑問です。

　料理やワイン、マリアージュなどの説明をする時も同様です。

　先ほどのボルドーワインの説明を例にとってみます。

　ソムリエが特に視覚が鋭いタイプの場合、どうしても海みたいな川、広がる葡萄園や空など、映像的な表現をしがちです。

　お客様も視覚が鋭いタイプなら、その説明に心惹かれるでしょう。

　しかし「このワイン、どんな感じ？」といった体感的なフレーズで聞いてくるお客様は、映像的な表現をされてもピンときません。

　触運動覚が鋭いタイプなので、ゆったりと流れている、夏は暑くてでも冬は雪が降るくらい寒い、風が凄く気持ちよかった、風はちょっと甘く感じる、といった、体に感じるフレーズに共感します。

　そのどちらにも心に響いていないようでしたら、聴覚が鋭いタイプだと考えられるので、データ的な話が好ましいのかもしれません。

　その畑にはカベルネという品種の葡萄があること、この年は天候が良くて葡萄が熟していることなどに興味を示してくれるでしょう。

　価格の妥当性やワインの希少性なども説明すると、納得してくださる傾向もあります。

表現を合わせる

まずは、感覚の鋭さのバランスは人それぞれだ、ということを認識しましょう。

次に、自分はどの感覚が鋭くて、どういう表現をしがちなのか、を把握してみます。

そして、それ以外の感覚で使われる表現も、使いこなせるようにします。

私は、「どんな表現で説明をしたらお客様の感性にフィットするのか」を観察して、それに合わせた表現をするように心がけています。お客様とお連れ様で感性が違う場合は、皆さんにフィットするように、様々な表現をするようにしています。

お客様はどの感覚が鋭いのか、会話の中の言葉から探って、それに合わせた表現をしてみませんか。

難しく考える必要はありません。

ワインの素晴らしさを伝えるという目的は一緒で、ただ表現をあれこれ変えてみるだけです。

「お客様が反応してくれれば、ラッキー！」くらいの気軽な気持ちでやってみると、いいと思います。

表現を合わせるということは、「お客様の感覚に寄り添って心地よい会話をする」という、究極のホスピタリティです。

それをゲーム感覚でやってみると、お客様に対する苦手意識も自ずと軽減されていきます。

　それぞれの感覚が鋭い人の特徴的な言葉や表現を、少しですが紹介します。

　接客する時には、それに似たような言い回しをすると、相手に理解して貰いやすいと思います。

視覚が鋭い人

　「話が見えました」

　「クリアになりました」

　「考え方がスクエアですね」

　など、明暗や色彩、形に関する表現が多いようです。

　写真など目で見て分かるものを使って話すと、相手に伝わりやすいでしょう。

　「雨が降って暗いから、まろやかなワインが美味しいですよ」「今日はお日様が出ていて明るいから、清々しいワインが合いますよ」といった提案は、受け入れて貰いやすいと思います。

食運動覚が鋭い人

　「胸が熱くなりました」

　「胃が痛くなりました」

　「気が重くなりました」

　「背中を押されました」

　「心をくすぐられました」

　など、温度や硬い・柔らかい、重い・軽いなど体に感じるような比喩を使ったり、押す・引く・くすぐるなど、体を動かすような表現をする人が多いようです。

　無意識に手を動かしながら話す人も、珍しくありません。

人に急かされるのが苦手なようなので、ゆったりと接客します。

「今日は寒いから、まろやかなワインが美味しいですよ」「今日は暖かいから、清々しいワインが合いますよ」といった提案は、受け入れて貰いやすいと思います。

聴覚が鋭い人

「波長が似てますね」

「心に響きますね」

「なんだかひっそりしてますね」

「ぶつぶつ言っています」

「ぺちゃくちゃしゃべっています」

など、音楽の用語や比喩を使ったり、擬音語を使ったりする人が多いようです。

騒音や雑音があると気になる傾向の人が多いので、静かな席を用意します。

少し間をあけて、確認するように話すと、耳を傾けて貰いやすいようです。

また、データ的な説明の方が受け入れやすいので、ワインのうんちくや葡萄の品種や醸造の過程、グレートヴィンテージの年、価格などを、丁寧に説明するようにします。

第5章

サービスの極意

レストランは船

　リオネルシェフは、「料理とは、世界の物語を伝える手段だ」と考えていて、自分が旅で出会った食材や人と共に創り上げた世界観を表現したコースメニューを、創り出します。

　例えば2022年３月のコンセプトは、「真実の旅とは　感性の発芽にして」です。

　私は、リオネルにはその旅を追体験して貰えるように、お客様にはその旅を共有して貰えるように願いながら、丁寧にワインを選びます。

　また、リオネルは、「エスキスは船だ」と、思っています。

　エレベーターを降りて店に入ったら、そこは一隻の船で、スタッフもお客様も同乗者です。

　そして、お客様には同じものを召し上がっていただきながら、船旅を楽しんでいただきます。

　私は、同じ船に乗っていても、飲み物が変わることで「楽しみ方が変わる」と、考えています。

　あちこちの波止場で降りて観光する方、降りないで船に滞在する方など、楽しみ方は様々です。楽しむ対象も、景色だったり風だったり居心地だったりと、お客様の感性によって様々です。

　お客様の楽しみ方の違いを、私はワインのマリアージュの違いで表現しています。

　と同時に、船全体の雰囲気を居心地よくするために、誠心誠意、お客様と向き合っています。

風をつくらないサービス

　私が接客で心がけていることは、ゆったりと行動することです。
「風をつくらない」ことを、意識しています。

　心に余裕のない人ほど、早く動き、早くしゃべる傾向があります。
自信がないことで、ストレスを感じているからです。
　それでは、相手もストレスを感じてしまうのではないでしょうか。

　相手の目を見てゆっくり話していると、相手のことを考える余裕
ができ、それが相手の安心感に繋がります。
　ワインや料理を供する時も、ゆっくりとした動作を心がけます。
　性急な動作は食卓に風を起こし、穏やかな空気をかき乱してしま
うからです。
　ゆったりとした行動は、自分のメンタルの穏やかさに繋がる、と
いう効果もあります。

　部下の行動を見守る時も、ゆったりした雰囲気を醸し出している
かどうかに注視しています。
　そうでない時は、何かしら不安を感じているからかもしれません。
　より丁寧に見守り、いつでもフォローできるように、臨戦態勢を
整えます。

　言い換えれば、部下の成長を感じるのは、言動がゆっくりと変化
してきた時です。

ご予約

　ご予約は、前日に確認することがほとんどです。

　誕生日などの記念日も確認します。

　スタッフが気になるお客様のことを事前に教えてくれることもあり、いい連携だと思います。

　顧客がいらっしゃる場合、お好みのワインなどを事前に準備するソムリエもいますが、私はあらかじめ用意することはありません。

　自分で勝手に敷いたレールから外れてしまうと、それを修正するという、無駄な作業が増えるだけだからです。

　まずご来店の様子を見て、「今日はいいワインを抜いていい日なのか、費用を抑える日なのか」を判断します。これが最も重要です。

　他にも、体調がすぐれているのかどうか、天気はどうか、滞在時間はどれくらいなのかなどなど、その場で判断すべきことは山のようにあります。

　お客様がご自分のことを多く語ることは、期待できません。

　ワインリストを見ない方も、珍しくありません。

　観察をして、自分で判断するしかありません。

　時には、難しいお客様がご予約する場合もあります。

　難しいとは、料理やワインに詳しくて、厳しくて、批評をしたがるということです。

　それでも私は、事前に特段準備をすることはありません。

　ただ「いらっしゃるのかぁ。批評しないで、楽しんでくださるといいなぁ」と思いながら、お待ちするだけです。

　そういうお客様はあれこれ語りたいので、忙しくても対応しなければなりません。そこで大切なのは、距離感です。

　どんなに難しいお客様でも、「私にはキャリアがある。いろいろなお客様を知っていて、どんな対応もできる」という自信を背景に、正面から向き合っていれば、結果的にとても喜んで帰ってくださる場合がほとんどです。

　ですから、ご予約の時点で身構える必要はないのです。

テーブルプラン

　ご予約を確認したら、当日のテーブルプランを作成します。

　顧客も初めてのお客様も、雰囲気を予想しながら考えます。

　入口から見える席や、角の席、人が後ろを通る席は、特に丁寧に考えます。

　早く帰ることが予測できる方や、事前にNG食材を聞いた時に牛肉をリクエストするなどフランス料理に慣れてないと予測できる方は、端の席がよいと思います。

　顧客は、お気に入りの席を用意したり逆に適度に席を変えたりと、お好みを鑑みて、決めるようにしています。

　パズルみたいで楽しいですし、予想が当たると嬉しいです。

　また効率性を考えて、私をリクエストしてくださるお客様は一つのエリアに固めます。そしてそれ以外のお客様は、もう一つのエリアに固めて、他のスタッフに任せます。

　もちろん何かあったらすぐに対応しますが、任せることでスタッフの責任感やチームの結束を強化することにも、繋がります。

食前酒

　食前酒で一番大切なのは、時間がかからないことです。

　エスキスでは、グラスのシャンパンをウェルカムドリンクとして
インクルード（料金込み）にしています。

　シャンパンは、マグナムボトルでサービスしています。非日常的
だからです。

　そこで「これ、なんですか？」「マグナムです。その方が美味し
いからです」「ホントだ！美味しい！」となれば、お客様とのファ
ーストコンタクトで、距離がぐっと近くなります。

　お客様が飲むタイミングで、新しいシャンパンボトルをわざわざ
開けることもあります。お客様は「自分のために、開けてくれたの？」
と、喜んでくださいます。

　結果として、顧客になってくださることもあります。

　ただし、それを目的にしないことです。そういうさもしい考えは、
お客様に見透かされます。

　エキストラ（別オーダー）の場合は、すぐに飲めるものをオーダ
ーしていただけるよう、促します。

　特に夏の暑い日、お客様はのどが渇いています。

　「とりあえずビール！」というお客様も、少なくありません。

　そこで、「今日は暑いですねぇ。冷たいビールかシャンパンでも
お持ちしましょうか？」と、こちらから言えるセンスを持ちたいも
のです。

ミネラルウォーター

　エスキスでは、ミネラルウォーターもインクルードにしています。

　この頃、お水を飲みたがる方が多くなってきたからです。

　「うちは、シャンパンがついています」「じゃあ、シャンパンだけは、貰おうかな」とおっしゃるお客様は、アルコールをあまり召し上がらないと予想できるので、その時点で「お水は、どうなさいますか？」と、さりげなく聞きます。

　夏の暑い日には、こちらから先に「お水、お持ちしますね」と言うこともあります。

　自分だったら、席に座ってすぐに水が飲みたい、と思うからです。

　エクストラでオーダーするシステムは、無料で水が出てくることが当たり前の日本では、少しハードルがあります。

　『タイユバン・ロブション』では、ワインリストをお渡しして帰るタイミングで、さりげなく聞いていました。

　『タテルヨシノ』では、500円で飲み放題にしました。タップウォーター（水道水）を出すのが嫌だったからです。

　タップウォーターでも構わない、というお客様もいらっしゃるかもしれません。しかし、高いレベルの料理でしたら、やはりミネラルウォーターを飲んでいただきたいと思います。美味しいし、味わいが深いし、料理に合わせやすいからです。

　ソムリエとしては、水を商品としてきちんと売るのも務めです。

　売り上げのために薦めるのであれば、少し気が引けるかもしれません。しかし、お客様に料理を存分に楽しんでいただきたい、という思いから薦めるのであれば、胸を張ってお声がけできます。

ペアリング

　最近は、ペアリングが増えてきました。

　ペアリングは本来「料理とワインの組み合わせ」のことですが、レストランでは「コースメニューのそれぞれの料理に合わせて、いろいろなグラスワインを楽しむシステム」のことを、指しています。

　私が勤めていた頃、タイユバン・ロブションでは高級なボトルワインを選ぶことが、ステータスでした。

　しかしある食事会で、貴重だったり珍しかったりしたワインを抜いて、料理と合わせてグラスワインでお出ししたら、これがとても好評でした。私達も、とても楽しく仕事をさせていただきました。

　それが、ペアリングを真剣に考えるようになったきっかけです。

　今では、どのレストランでもお任せのコースメニューを用意するようになり、それもペアリングが増えた一因だと思います。

　コースメニューのみを供しているエスキスでは、ペアリングのお客様が6割です。

　シェフの料理を完全にサポートしたいという思いで選んでいるので、料理とのバランスで足し算をしたり引き算をしたりしながら、価格に妥協せず、いいワインを出しています。

　お客様もオーナーもワインに大変詳しいのですが、満足していただけていると自負しています。

　ペアリングの価格は、「若林が決めたペアリング」というコンセプトで決めています。

　ですから、たとえ高価なワインばかりでなくても、料理を引き立てていてお客様が美味しかったと感動してくだされば、それで良しと思っています。

　お客様に満足していただくことが、ソムリエにとって最も大切なモラルだと、思っているからです。

一期一会

　ペアリングは一期一会だと思っていて、「どれだけわくわくするか」を大切にしています。

　ですから、その日の料理に最高に合うのであれば、産地にこだわる必要はなく、また赤から白にいって途中でシャンパンを入れてもいいわけです。

　部下のソムリエが、お客様の好みに合わせて、その日のペアリングメニュー以外のボトルを開けることもあります。

　私はそれを容認していて、追加料金を請求することもありません。

　お客様の満足度は、増すばかりです。

　私が出演しているNHKテレビ「あてなよる」では、ワイン以外のものも、ペアリングに加えています。

　その番組をご覧になって「あなたにペアリングをお願いしたくて来ました」とおっしゃってくださるお客様には、料理に合う日本酒やカクテルを、ペアリングに加えることもあります。

　ただしカクテルはアルコール度数が高いので、お客様の酔い加減を観察しながら供します。

ボトルワイン

　一本のワインには、ペアリングでは得られない醍醐味があります。

　ワインを誰かと共有することは、その時間をより芳醇にします。

　時間とともに変化していくワインの味わいや、ワイン同士のマリアージュは、ボトルならではの楽しみです。

　エスキスでは、自らワインを選択するお客様も少なくありません。

　ワインを選ぶことは、ワインに対する思いや自分の好みを体現することです。その選択の過程で、ソムリエとの会話を楽しむこともできます。

「NO！」と言っていい

　ソムリエとしては、お客様と会話をできることが喜びです。

　とはいえ、いつも「はい」とは言う必要はありません。

　前述したように、私は結構「NO！」と、言ってしまいます。

　例えば、「シャブリをください」と言われても、「この料理を楽しんで貰うためにはシャブリはないな。このワインの方がいいかな」と思った場合、「承知しました」とは言いません。

　「シャブリは素晴らしいワインで、○○のような料理には凄く合うのですが、今日はこのような料理なので、こういうワインがよろしいと思います。いかがでしょうか」と、そう言ってしまうのです。

　その結果「このワインにして、よかったな」と思ってくださると、次に続くお客様になり、ワインリストもご覧にならなくなります。

価格と信頼関係

　料理は美味しく食べたいけれどワインは詳しくない、というお客様の多くは、「料理に合う、手頃なワインをお願いします」というオーダーをされます。

　その場合、料理の価格より高いワインは売らないように心がけ、その前後の価格のものをお薦めします。

　お客様が「これくらいのもので」と値段を指さす時には、その前後で、最適なワインをお薦めします。

　たとえその値段よりも少し高くても、それが最適だと思った場合、「少し高くなりますが、本当に合うと思うので」という言葉を添えれば、お客様は前向きに捉えてくださいます。

　「美味しく食べていただきたい」という思いを込めた言葉は、お客様に伝わるものです。

　そしてそこで満足していただけると、信頼関係に繋がります。

　ワインに詳しいお客様は、「高いけど、とても合います！」という、本気で強気の提案を喜んでくださることも、珍しくありません。

　そしてそれもまた、信頼関係に繋がります。

売りたくないワイン

　時として、やっと手に入って、手元に置いておきたいと思うほど貴重なワインが選ばれる場合があります。

　ワインリストには、「この値段でこのワインが飲めたらいいね」

というような目玉的なワインを、必ず載せています。

そして目利きのお客様は、それを見つけてしまうのです。

私も以前は、手元に置いておきたいと、つい思ってしまうワインがありました。

「さすがです。お目が高いですね。見つけられちゃいましたね」と、渋々ながらお出ししたものです。

以前勤めていた『タテルヨシノ』で、私が不在の日に、メートル・ドテルの田中優二さんが、そういうワインを売ってしまったことがありました。

自分としてはがっかりの極みで、「なんで売るんだよ！」とつい言ってしまい、そうなると「売りたくないワインを、なんでリストに載せるんだよ！」と売り言葉に買い言葉で、喧嘩になってしまいました。

そこで、売りたくないワインをみんなに共有して貰うために、ワインリストの頭に、薄く鉛筆で印をつけるようにしました。

こういう工夫も、必要です。

今の私は、どんなに貴重なワインであっても「飲んでくださって、ありがとうございます」という心持ちです。

抜栓

抜栓は、ソムリエの醍醐味の一つです。

抜くという行為は、ソムリエの魂の発露であり、ここで出会った方との物語が始まる瞬間だからです。

丁寧に吟味して仕入れ、セラーで大切に護り育て、こんなお客様に飲んで欲しいと思い浮かべ、それが実現することを喜び、抜く時に立ち昇る香りを感じ、目の前のお客様に楽しんで欲しいと願うという、全ての過程を瞬時に体感する抜栓は、他に類を見ない至福のひと時です。

だからこそ、心を込めて丁寧に、抜栓したいものです。

持ち込み

名古屋から始まったと言われているワインの持ち込みに関して、エスキスでは、一本5,000円の持ち込み料をいただいて了承する場合もあります。

しかしながら、自分自身がそのワインに責任を取れないという、ソムリエの矜持に反する現実があります。管理状況が、分からないからです。

また、自分の店の料理やそれに合うワインに関して一番分かっているのはソムリエだ、という自負もあります。

料理やワインをより美味しくいただこうと思えば、その店のソムリエの提案するペアリングやボトルに匹敵するものは、ないのです。

とはいえ、自分で買った思い入れのあるワインで美味しい料理を食べたいというお客様の気持ちを叶えて差し上げたい、とも思っています。これまで飲んだことのないワインやなかなか手に入らないワインをテイスティングできる、という僥倖を得ることもあります。

お客様の楽しみのお手伝いをすることもまた、ソムリエの矜持の一つです。

食後酒

　食後酒は、満足感を増幅させる飲み物です。

　必ず飲まなければいけないわけではありませんが、その包容力の
おかげで、お客様に「今日はよかったね」と、より思っていただけ
ます。

　ワインの飲み方を見ていれば、まだ飲めるのか、もっと飲みたい
かが分かります。最後にしっかりした赤ワインでデザートを楽しみ
たい、という方もいらっしゃいます。

　そこで、デザートをお出しする前に「デザートワインか、しっか
りしたワインをお持ちしますか？」と伺って、「何があるんですか？」
とおっしゃったら、話を進めます。

　コーヒーを出してすぐに「食後酒いかがですか？」は、品がない
ように思います。

　コーヒーを出した後もおしゃべりに花が咲いているお客様に「コ
ーヒー、もう少しお飲みになりますか？」と同時に、「楽しそうな
ので、食後酒何かお持ちしましょうか？」「もしもう少しお飲みに
なりたいようでしたら、マールやコニャックなどがありますが、い
かがですか？」などと、さりげなくお声がけします。

　カクテルやウイスキーを楽しまれる方も、いらっしゃいます。

　食事の余韻を、楽しんでくださっているのでしょう。

　デザートの前にしても後にしても、もう少し飲みたいと思うお客
様の気持ちを見逃していたとしたら、それは申し訳ないことですし、
ビジネスチャンスの喪失でもあります。

お客様との会話

　お客様の装いや立ち居振る舞い、テンションの上がり方などで、お客様がレストランに慣れているかどうかが、ある程度分かります。

　ただし、どんなに場慣れしていてフレンドリーに話しかけてくださるお客様でも、最初はきちんとした話し方をします。
　そして徐々に、フレンドリーな話し方にシフトしていきます。

　お客様があまり話さない場合、二つのケースが考えられます。
　一つは、私やスタッフと話したくない場合です。
　そういうお客様は「話したくないオーラ」を発しているので、会話は控えます。

　もう一つは、話したいけど何を話していいか分からない場合です。
　まずは、何気ない世間話やシェフの話などからお客様が興味を示すものを探し、そこから徐々に距離を縮めていきます。

　私の個人的な内容を加えると、距離感が近くなり、お客様も話しやすくなるようです。
　距離感が近くなると、また会いたいと思ってくださり、次から「若林さんいますか？」というご予約をいただくようになるのです。

　ワインに詳しくない方にも顧客が多いのは、ワイン以外の会話のおかげだと思います。

キーワード

　話しやすい雰囲気づくりで、もっとも取り入れやすいのが世間話ですが、肝心なのは「キーワードを逃さない」ことです。

　それを共有した瞬間に、仲良くなれるからです。

　いきなり「どちらのご出身ですか？」と聞いたら、引かれてしまいます。しかし会話から自然に聞き出すことができたら、打ち解けたおしゃべりへと展開できるようになります。

　例えば、「寒いですね」と話しかけて「私、寒いのが嫌いなの」と答えてくださったら、そのワードを逃がさないで、「そうなんですか。私も苦手なんです」と共感し、「じゃあ、あったかいところのご出身ですか？」「いえいえ、実は寒いところなんです」と続けば、こちらが聞かなくても多くの方は出身地を教えてくださいます。

　ある日根室のサバなどの料理を出したら、「北海道の食材が多いのね。私は北海道出身なんです」と話しかけてくださいました。

　そこで、「実は、先日シェフが函館や小樽とかで食材をあちこち探し回って、見つけてきたんですよ」と答えると、土地勘がおありなので、一気に親近感を持ってくださいました。

　そうなると、ワインのことも、気負わずにあれこれ聞いてくださるようになりました。

　接客をしていて小耳に挟んだ話を心に留めておくことも大切です。

　例えば、「ウエストサイドストーリーを観たんだな。映画がお好きなんだな」ということが分かる会話が、聞こえてきました。

そこで「ウエストサイドストーリー、ご覧になりました？」と、単刀直入に聞くのは、ナンセンスです。

「私、この間ウエストサイドストーリー観ました」「あら、私も観た！」「いかがでした？」という流れなら、仲間意識が生まれて、お客様も喜んでくださいます。

ただし、誰にでもやるわけではありません。

会話に加わっても構わない、と判断した時に限ります。

ワイン初心者と上級者

お客様がワインに詳しいかどうかによって、話す内容を変えています。

ワイン初級者の方は、葡萄の品質や香りよりも、味を言語化した方が分かりやすいようです。

例えば、果実味と渋味がある軽い味わい、といった具合です。

上級者の方には、ワインスクールで学ぶような専門用語を使ったり、「テロワールが、反映されています」というような説明を加えたりします。

ワインのうんちくを披露したい方も珍しくないので、そのうんちくを引き出すお手伝いをするためです。

ワインをご自分で選びたい方も多いので、選びやすいヒントを会話に織り交ぜるようにすることも、気遣いの一つです。

料理の説明

　「料理を出したら、説明する」というルーティーンは、お客様の会話の邪魔になる場合があります。

　「失礼します。料理の説明をしてもよろしいですか？」と、先に断るのが、礼儀です。

　そこで「いいですよ」と言われても、本当にいいのかどうか分かりません。

　実は、お客様がスタッフに気を遣ってくださっている場合もあります。会話の途中でも「どうぞ」と言ってくださったり、スタッフの会話を楽しむフリをしてくださったりなど、様々です。

　では、どうしたらそれが分かるようになるでしょうか。

　自分の経験値を上げることに、勝るものはありません。

　自分が実際にお店に行くと、サービススタッフの話に付き合ってあげることがあると思います。そういう経験を何度もしていれば、「お客様が気を遣ってくださっているではないか」という視点が持てるようになるし、気遣ってくださっているかどうかを判断することが、できるようにもなります。

　また、サービスを受けて嫌だなと思ったら、それをしないようにすることです。例えば、彼女を口説いている時に、横であれこれ説明をされたら不愉快極まりないでしょう。

　それならば、自分は二人の雰囲気を察して、邪魔をしないようにすればいいだけです。

お客様から「これは、何ですか?」と聞かれて、「すみません、聞いてきます」と答えるのは、もちろん論外です。

開店前のミーティングで共有することは当たり前のことですが、名前だけでなく、産地や部位、調理法や調味料などまで把握しておくことが求められます。

そもそも、そこまで把握していないと、的確なマリアージュはできません。

料理とワインを繋ぐ

料理の説明だけをしていては、顧客はつくれません。

説明なら、AIでもできます。

「シェフはこういう思いで作ったので、そういうことをイメージしながら食べてみてください」「生産者はこういう思いで作ったので、そういうことをイメージしながら飲んでみてください」などと言うと、お客様も考えてくださいます。

「あぁ、確かに感じます!」となると、共感して共生する共犯者になってくださいます。

「共に」とは、人と人を繋ぐことです。

料理とワインを通じて、シェフや生産者とお客様を繋ぐことは、ソムリエにしかできません。

また、シェフや生産者の思いやいいところを分かって貰えると、料理の味と共に、お客様の記憶に残ります。

エクラメ（デシャップ）の役割

　エクラメは、一般的にはデシャップと呼ばれていて、次の料理をキッチンにオーダーする役割です。

　エスキスでは、メートル・ドテルを補佐するコミ・ド・ランの中でも、特に優秀なスタッフに任せています。

　サービスを担当して貰うこともあるので、重労働です。

　エクラメは、とても重要です。

　お客様が食べたいペース、もしくは食べやすいペースを考えながら、キッチンにオーダーを入れます。

　各テーブルの食事のペースを見渡して、２つくらいのテーブルを組み合わせて、料理のオーダーを入れます。

　２皿ずつでは、時間がかかってしまいます。しかし６皿だと、キッチンが混乱します。４皿くらいが、丁度いいのです。

　食べ終わってからオーダーを入れると、お客様は５〜７分待たなければなりません。混んでいると、10分かかってしまうでしょう。それは、NGです。

　「あのテーブルは、お酒を飲んでいないから、食事のペースが速いだろう」と予測して、次の皿のオーダーのタイミングを見極めることも、珍しくありません。

　最も能力を発揮できるのは、退店時間が決まっている場合です。

　「あのテーブルは、今の食事のペースを考えると料理を一つ飛ばした方がいい」と見極めると、ちゃんと時間内に食事が終わります。

終わらないとしたら、エクラメのセンスの問題です。

スタッフへの配慮も、大切です。

テーブルを担当しているメートル・ドテルに「食べるペースが速いので、もう次の皿のオーダーを入れておきました。次の、次の、次のタイミングで、出ます」といった情報を伝えます。

そうするとメートル・ドテルは、料理が出るまでの間に話しかけた方がいいのか、しない方がいいのかなど、サービスのスタイルを考えることができます。

このように、お客様の情報を共有しているだけでも、メートル・ドテルは心強く思うものです。

とはいえ、いつも計算通りにいくとは限りません。

時には、キッチンに急いで貰ったり、オーダーの順番を変えて貰ったりしなければなりません。

それを気持ちよくやって貰うためには、シェフとの信頼関係が不可欠です。

言い換えれば、シェフとの信頼関係を構築できているスタッフでなければ、任せられません。

仕事における信頼関係の根底は、「感謝」です。

感謝は、絶対に忘れてはならないものです。

そこをきちんと理解し、丁寧に形として相手に伝えているスタッフにしか、任せられないということです。

オーダーのやりくりを間違えると、大クレームになることもあります。非常に難しく、緊張感のある立場です。

　と同時に、キッチンもサービスもお客様も同時に動かす、エンターテイメントの監督という立場でもあります。

　私はその幸せを分かって貰いたいので、「ここにいる登場人物を、エクラメが全部コントロールしているんだよ。やりがいがあるでしょ？ これができたら、どれだけ楽しいと思う？」と、スタッフに問いかけます。
　するとスタッフは、「怖いけど、やってみたい」と思ってくれるようになります。

　当然のことながら、私は総監督としてエクラメを細やかに見守り、時には微調整を手伝うこともあります。
　お客様に迷惑をかけずにスタッフの成長を促すためには、こうしたフォローも不可欠です。

シーン別接客

　接客は、お客様の要望を丁寧に汲み取ることが、最も大切です。

　そして喜んでくださる様子を見ていると、私自身が「今が、一番楽しい」と思ってしまいます。

ビジネス

　ビジネスを主な目的で来店される場合は、とにかく控え目にして自分を出さないことに徹します。たとえ顧客がお連れ様にご紹介くださっても、さらっと一度、丁寧にご挨拶するだけです。

　顧客にもお連れ様にも負担を感じさせない価格帯や時間を、最初の会話から探り出します。2時間半を目安にすることがほとんどです。また銀座は夜10時を過ぎると車が進入禁止になる通りがあるので、お迎えの車がある場合は、退店時間にも留意します。

　会話の邪魔しないことが、何よりも大切です。

　込み入った雰囲気の場合は、最初から料理や飲み物の説明はしません。説明した方がいいのかどうか分からない場合は、「失礼いたします。説明させていただいてよろしいでしょうか」と、お声がけします。たとえ「いいよ」と言われても、質問がない限り、最後まで詳しく説明することは、差し控えます。

　飲み物は、ペアリングよりもボトルをお薦めし、毎回グラスの説明をしなくても済むようにします。

　役員クラスの方が接待でいらっしゃる場合は、ケースバイケースです。和やかに食事を楽しんでいらっしゃる場合は会話に参加することもありますが、話に夢中でしたら邪魔しないことを心がけます。

カップル

カップルには、様々なパターンがあります。

最近は、ワインが好きな女性と、ワインがよく分からない男性の組み合わせが多くなってきました。

支払うのが男性ならば、オーダーの時から気遣いが必要です。

女性があれこれ話しかけてくることも多いのですが、そのたびに「いかがでしょうか？」と男性の顔を見ながら話を振って、一緒に会話を楽しむ環境を創ります。

決して「せっかくこの子を楽しませたくて来てるのに、いつまで話してるの？」と思われないように、気をつけます。

なるべく二人の時間を大切にして欲しいので、どちらかがワイン談義を持ちかけてきても、さらっと会話を切る気遣いが大切です。

ワインが好きな男性とよく分からない女性の場合は、男性に決めて貰うように、リードします。

「どれがいいと思う？」と言われても、「お詳しいので、お選びになったらいかがですか？」と、持ち上げます。

女性に「どんな感じのワインが好きか、赤ワインか白ワインか、タンニンのきいたものか軽いピノノワールみたいなものか」などを確認してから男性に選んで貰うと、懐具合も分かるし、プライドも保てるので、とても喜ばれます。

ご同伴

　銀座では、クラブの開店前にお店の女性とお客様がお食事をして、そのままお店に向かわれることを、「ご同伴」と呼んでいます。

　絶対に守らなければならないのは、退店時間です。

　エスキスでは、午後 8 時15分までに店を出ることが求められていますので、6 時から 2 時間で食事を終わらせることを死守します。

　エスキスは、フルコースのみのご用意です。会話を楽しむことと時間を優先させるために、こちらの判断で最後のチーズを飛ばしたり、デザートを一つに減らしたりして、調整するようにします。

　以前、私自身も同伴で、レストランに行ったことがあります。友人の店だったので話が弾んだりおまけの料理を出して貰ったりして、気づいたら 7 時50分。慌てて会計を済ませて、飛び出しました。

　気を抜くと、時間はあっという間です。ですから、お客様の代わりに、こちらが時間管理をすることが求められます。

　女性にとってご同伴は仕事の一環ですが、男性は、女性に喜んで欲しい、と思っています。

　そこで、女性が喜ぶポイントをこちらが見逃さず、そのことを男性に伝えて、「喜んでくださいましたね」と、共有して貰います。

　興味のあるポイントを掴むと、「また、ここに連れてきて欲しい」「また、ここに連れてきてあげたい」と思ってくださり、「ありがとう」という言葉をいただいたら、必ず次に繋がっていきます。

　ご同伴は、2 時間でこなすスピードと、お客様が喜び再来店に繋がるポイントを学べる、得難い機会だと言えるでしょう。

　8 時過ぎに一巡目が終わるという意味でも、大変有り難いお客様です。

誕生日・記念日・イベント

ご予約時に、誕生日や記念日であると、伺うことがあります。

エスキスでは、ご依頼があればプレートやケーキをご用意します。

ここで気をつけているのは、「ケーキや花などのプレゼントが終わるまでは、デザートを出さない」ことです。

そこは大事な時間と捉えて、写真を撮ったりして差し上げます。

喜び方は、人それぞれです。

どこまで関わるかは、お客様の反応を見ながら決めます。

話が長いお客様

おしゃべりを楽しみたいお客様とは、時間が許せばいつまでもお付き合いしたいのですが、他にもお客様がいらっしゃると、なかなかそうはいきません。

料理を説明する時に、目線を皿に向かせるように心がけ、興味をそちらに持っていくことがあります。

そして例えば「この魚とふきのとうの組み合わせにこのワインはどう感じたのか、後で感想をきかせてください」などと言い残して離れると、お客様もおいてきぼり感を持ちません。「どうだろう？なんて言おうかな」と、考える時間になるからです。

日本人は参加型のイベントが好きです。特別感も好きです。

それらを満足していただける機会を与えると、ずっとテーブルについていなくても、お客様は満足してくださいます。

　時には、会話の遮断が必要になることもあります。

　会話を切る時に大切なのは、「話しているのに、どこに行くの？失礼じゃないか」と感じさせないことです。

　そこで、会話を切る前に、お客様の気分を良くさせることを心がけます。顧客でないと難しいのですが、逆に顧客だからこそ使えるスキルとも言えます。

　例えば、「あ、そう言えば…」と相手の好きな話題や得意な話題に変えると、「なるほど、そうだったんですね」「なるほど、よくご存じですね」と、一旦話を終えることができます。

　お客様の中で話が楽しく完結するので、違和感を持たれることはありません。

食事が遅いお客様

　レストランは、雰囲気も楽しみの一つです。

　お客様にフラストレーションを感じさせないよう、早く食べたい、ゆっくり食べたいというご要望に沿うことも、そのテーブルの雰囲気をいい状態で保つ要因です。

　しかし全員が同じペースであればいいのですが、一人だけ料理のペースがとても遅いケースが、結構あります。

　それが続くと、お連れ様のフラストレーションが、どんどん溜まってきます。

　当の本人は気づいていません。かといって、サービススタッフもお連れ様も、それを指摘するわけにはいきません。

そこで食事を進めて貰うために、あるところで仕掛けを作ります。

さりげなく皆様に対して、「料理や飲み物は、いかがでしょうか。お楽しみいただいているでしょうか」と声をかけ、ついでのように「そろそろいいタイミングで、次の料理が仕上がりますよ」と、伝えます。他のお客様は感謝してくださいますし、サービスのペースを保つこともできます。

肝要なのは、あくまでもさりげなく、です。

飲めないお客様

「お酒を飲めないのに、フランス料理レストランに行ってもいいのかしら？」と、なんとなく肩身の狭い思いをしているお客様が、いらっしゃいます。

その不安を払拭して、安心してオーダーできる環境を整えることが必要であり、そうした気遣いができるかどうかも、ソムリエの資質の一つです。

エスキスでは、日本茶もご用意しています。

お水や日本茶であっても、料理が美味しくなるのであればいいわけですから、丁寧に説明して薦めています。

ペアリングでは、お一人だけノンアルコールになってしまいますが、疎外感を持たれないように、同じグラスで供します。

そしてノンアルコールのことを、できるだけ面白く丁寧に、説明します。

　すると、他のお客様も興味を持ってくださり、「それ、私にもください」とおっしゃることも、珍しくありません。

　飲めないお客様をペアリングに参加させ、時には会話の中心にする演出です。

　皆様に楽しんでいただきたい、という思いが故のアプローチなのですが、アルコールを飲めないお客様も、お店に通ってくださるようになります。

　また結果的に、通常のペアリングにノンアルコールがプラスされることで、売り上げにも繋がります。

体調のすぐれないお客様

　ほとんどの場合が、お酒の飲みすぎです。

　化粧室から出てこない方も、たまにいらっしゃいます。

　こちらとしては、「体調を悪くさせないこと」が重要です。

　お酒のピッチが速いと思ったら、ワインを注がないようにしたり、言われてから少しだけ注ぐようにしたり、さりげなくお水をセットしたりします。

　普段はそんなことないのに、初めての来店で緊張していたり、ボルテージが上がったりしていることが、ほとんどです。

　世間話をしたりして、気持ちを和らげる会話を心がけることも、大切です。

高齢の方　障がいのある方

　体が不自由な方のフォローをすることは、人として当然のことです。しかし私達は、その上を目指さなければなりません。

　なぜなら、レストランの目的は、「全てのお客様に楽しんでいただくこと」だからです。

　目に見える障がいをお持ちの方は、こちらも対応を心がけしやすいのですが、実は高齢の方は、緩やかな障がいを複合的に持っていらっしゃる場合が珍しくありません。

　日本は、超高齢社会です。潜在しているかもしれない障がいに対しても、細やかな気遣いが大切です。

　障がいのある方にも、その場に居合わせた全てのお客様にも、心地よく過ごしていただくためには「介助という域を超えた、さりげない対応」で、その場の雰囲気を壊さないことが求められます。

　「現状を少しでもよくしようとする姿勢」も大切ですが、何よりも大切なのは、「相手をより深く理解しようとする心」です。

　まずは、「して差し上げる」という意識を持たないことです。

　「何かお手伝いできることはありますか？」と相手の意向を伺って、要望があれば対応することが、求められます。

　お連れの方に対しても、「楽しんでいただきたいので、できることはなんでもお手伝いさせてください」と、お声がけをします。

身体障がい

　杖は、立つ姿勢が不安定な場合や歩く持久力がない場合の、移動を補助するものです。

　サポートをする場合は、必ず事前にお客様の承諾を得て、杖を持つ手と反対側に立ちます。

　車いすは、四肢や体幹に障がいがある場合に、使用します。

　車いすのお客様への間違った対応を、散見することがあります。

　車いすに触ったり押したりする場合は、必ず事前に、目線の高さを合わせて、お客様の承諾を得ます。

　上から話しかけられると、威圧感を感じてしまいます。

　また、車いすは分身のようなものなので、勝手に触られたり押したりされることに違和感を持つ方も、少なくありません。

　当たり前のように椅子を外して、そこに車いすを案内するサービススタッフがいます。しかし、本当にそれでいいのでしょうか。

　腰が痛いから体勢を変えたい、視野の高さを変えたいなどの理由で、椅子に座ることを希望する場合もあります。要確認です。

　車いすの方は、下半身の血行が十分でなく、冷えてしまいがちです。ひざ掛けを用意する気遣いも、あって欲しいものです。

　ちなみに、エスキスの化粧室は段差があるので、同じビル内の系列会社の化粧室を使っていただいています。

聴覚障がい

補聴器をつけているお客様は、静かな席に案内します。

補聴器をつけている方の耳元で大きな声で話すことは、厳に慎まなければなりません。お客様にとっては大音量になってしまいます。

ゆっくりと話す気遣いも、必要です。

お連れ様を介しての会話となると、お連れ様ばかりに目線が行きがちになります。

それでは、お客様は疎外感を持ってしまうかもしれません。

必ずそのお客様とも丁寧に目線を合わせ、「かしこまりました」などの返答は、直接お客様にします。

会話に参加していただいていることを、感じていただくためです。

コミュニケーションは、筆談、読唇術、手話、指文字、携帯文字入力などで、取ることができます。

話す場合は、ゆっくりとはっきりと、口を大きく開きながら話します。表情やジェスチャーも、情報の大切な一つです。

途中で失聴した方は、手話ができないことが少なくありません。

手話のできるスタッフが、良かれと思って、手話での会話を進めようとすることがあるかもしれません。

事前に確認することが、求められます。

手話は両手を使うため、食事を先に済ませた後に、ゆっくりとお話をしたいと思う方もいらっしゃいます。

次の料理までの間合いは、様子を見ながら判断します。

視覚障がい

視覚障がいは、「視力障がい」と「視野障がい」に大別されます。

視力（見る力）の障がいは、全盲と、弱視（矯正視力の和が0.3未満）に大別されます。

視野（見える範囲）の障がいは、狭窄（視野が全体的に狭い）、欠損（視野の一部が見えない）、暗点（視野の中央部分が見えない）に分かれます。

弱視や視野障がいの方は、見えているように思われがちです。

高齢者で白内障や加齢性黄斑変性症を患っていらっしゃる方も、珍しくありません。

お席やお化粧室へのご案内の時には、丁寧なアテンドが求められます。

全盲の方は、自分が話しかけられているかどうか、分かりません。

軽く腕に触れながらお声がけをすると、安心していただけます。

料理や飲み物を供する時も、静かにお声がけします。

視覚に障がいがある方は、香りや味を丁寧に感じてくださいます。

「これシャルドネなんですけど、このスモーキーな香りをどう思われますか？」など、会話に参加していただけるような言葉かけを心がけます。

化粧室にご案内するスタッフは、同性であることを心がけます。

顧客づくり

　各スタッフに顧客がいることが、大切です。

　サービスはチームワークですが、個々に力があって、それぞれに顧客がいることで、店全体の力が上がります。

　大切なのは、自分を訪ねて来てくださるお客様に対して、仕事として接するのか、感謝の気持ちを持ちながら接するのか、という「精神性」です。

　顧客ならではの期待を裏切らず、満足していただき続けることは使命です。ハードルはどんどん高くなりますが、それが自分の成長に繋がります。

　私としては、特段顧客にしようと意識して接客しているわけではありませんが、結果的に顧客になってくださっているようです。

　しかし考えてみると、顧客になってくださるのではないか、と感じる瞬間はあります。それを判断するのは、やはりお客様の目です。

　初めは目を逸らしがちだったのが、私の目を見ながら聞いてくださったり話してくださったりするようになった時、お客様が私のテリトリーに入ったと感じます。

フレンドリー

　初めてのお客様には、もちろんきちんとしたお声がけをしますし、説明も懇切丁寧にします。と同時に、話しやすい雰囲気づくりに徹します。そして私と目が合うなどの変化を捉えたら、話し方を少しずつフレンドリーにしていきます。

フレンドリーになってくださるタイミングは、人それぞれです。

来店早々の場合もあれば、帰り際の場合もあり、2〜3回の再来店でようやくというお客様もいらっしゃいます。

いずれにしても、お客様のペースに合わせます。

お客様の様子を観ながら、自分自身も会話を楽しみながら、ゆっくり急がず、そのタイミングを待つのです。

話し方を、タイミングよくフレンドリーに変えると、お客様は話しやすくなるようです。こうなると、お客様の要望などもより鮮明に分かるようになります。

スタッフの棲み分け

お客様の好みは、様々です。

タテルヨシノでメートル・ドテルをしていた田中優二さんは、お客様に対しても不愛想で、「美味いんだよね」で終わりです。かと思うと、楽しそうにおしゃべりをしている時も、ありました。

いわゆる、ツンデレです。私とは真逆で、そばで見ていて、ハラハラしたものでした。

しかし、いつも機嫌を取られることに慣れているお客様にとって、ぶっきらぼうだけど、嬉しいと満面の笑顔を見せてくれて、甘えん坊の一面もある彼は、新鮮で面白い存在だったのでしょう。

とても可愛がられていました。

タテルヨシノでは、いい意味でスタッフの棲み分けができていたと思います。

スタッフにとっては、自分らしさを発揮できる機会を得ることは成長を促すことになります。

　お客様のタイプを理解し、どのお客様にどのスタッフをキャスティングするかは、上司が決めます。

　上司は、「観察力」と「スタッフに対する信頼」が求めらるということです。

決めつけない

　いつもコーヒーしか飲まないと分かっているお客様に、何も聞かず「コーヒーでございます」と持って行くと、親切で行き届いたサービスに見えます。顧客を多く持つサービススタッフにありがちな風景で、それを喜ぶお客様も多いでしょう。

　しかしそれでは、必ずコーヒーを飲まなければなりません。

　また、お連れ様が「この人、何度も来ているんだ」と思った時、好意的に受け止めてくだされればいいですが、そうとも限りません。

　ですから私は、お客様から「いつもありがとう」など顧客的な言葉をいただかない限り、知らん顔をしています。

　お連れ様との関係性を鑑みて、問題ないと思ったら、「コーヒーになさいますか？ それとも今日は○○になさいますか？」など、言外に「いつもはコーヒーだと分かっておりますが…」というニュアンスも込めながら、問いかけますが、「じゃあ、今日はアイスでお願い。ありがとう」と言われることもあります。

　やはり、要確認なのです。

情報管理

顧客に関して最も気をつけるべきは、情報漏洩です。

「この前、○○さんが来ましたよ。××さんと、一緒でしたよ」と、おしゃべりや情報共有のつもりで話すサービススタッフがいます。これは、完全にNGです。

頭のいいお客様なら「そうなんだね」と返しつつも、「このスタッフは、信用できない」と、思うでしょう。

たとえお客様が「○○さんが、この間来たでしょ。美味しいって言ってたよ」とおっしゃったとしても、「そうなんです。楽しんでいただけたようで、よかったです。ご紹介いただき、ありがとうございました」と、さらっと話を終わらせるのが、正解です。

ご指名とお休み

「若林さんに会いたい」とか「エスキスに行けば、若林さんに会える」と思ってくださるお客様も多く、14テーブルの半分を占めることもあります。有り難いことです。

「あてなよる」の影響もあるのでしょう。初めてのお客様にご指名をいただくことも、珍しくありません。

来店の機会の一助になっていると思うと、少し誇らしい思いです。

とはいえ、エスキスは基本的に休日がないので、さすがに自分の休養日の必要性を感じています。

いずれは「○曜日と○曜日は、若林はいない」というようにしていかなければいけない、と考えています。

体力的には問題ないのですが、家庭のことも大切にしなければなりませんし、インプットの時間も取らなければなりません。加えて、部下に任せるシーンを増やすことも、必要だと思っています。

　そういう意味で、リオネルシェフはとても参考になります。

　彼はきちんと休みを取って、自分の時間を大切に使っています。

　そして部下は、しっかりリオネルの代わりを務めています。

　ただ、「会いたい」というキーワードにおいて、シェフとソムリエは違ってくるのが、現状です。

　お客様はリオネルの料理を食べたいと思って来店してくださいますが、リオネルに会いたいと思っている方は、10％くらいです。

　また、食事をしてリオネルがいるかいないかが分かるお客様もいらっしゃいますが、厳密には分かりません。

　一方、私に会いたいと思って来店してくださる方は、30～40％を占めます。そして、私が休みかどうかは、店内を見渡せばすぐに分かってしまいます。「店に入った途端、若林さんがいないオーラを感じた」と言われたことがあります。直接接客できなかった方から、帰り際に「今日は抜いてくれなかったねぇ」「注いでくれなかったねぇ」と、残念そうに言われることもあります。

　同じワインであっても、私が抜くかどうか、注ぐかどうかで、満足度が大きく変わるようです。

　「若林が選んだワインだから美味しい、注いでくれたから嬉しい、おしゃべりが楽しい」と思ってくださっているお客様のことを考えると、自分としても接客をしたい、しなければと思ってしまいます。

　ライフワークバランスを考える時期に来ているようです。

次に繋がるクロージング

　お店の継続性を考えると、再来店は重要なポイントです。

　そのためにまずは、「その日の料理を印象深く覚えて貰うこと」を心がけています。

　例えば、京都の亀岡の鴨を使った料理です。育成に120日かけているので油の溶け方が全然違っていて、それは見て分かるほどです。当然、風味も旨味も大きく違います。

　しかし、お客様が美味しさを的確に表現することは簡単ではないので、そうした言葉をインプットして貰います。

　そして、食後にもう一度、思い出して貰えるようなお声がけをします。

　帰り際も、大切なタイミングです。

　「鴨、いかがでしたか？」「いやぁ、美味しかったです」「ありがとうございます。他に、どんなお肉がお好きですか？」「仔羊も、好きですね」「仔羊ですか。シェフの仔羊は、美味しいんですよ。○月くらいには、お出しできると思います」「それは食べてみたいですね！」といった具合に、お客様の好みに合わせたご案内を入れると、期待を持って再来店を検討してくださるようになります。

　幸い、エスキスにはそういう武器がたくさんあります。

　また、武器を作ることも心がけています。

お会計

　食事の余韻を妨げる行為として、お会計のタイミングがあります。

　私は、コーヒーを出してすぐにお会計を促すことは、絶対にしません。

　しかし、テーブルの周りをうろうろしてお会計をせかすお店も、散見します。

　お会計にも、店の品性が表れているのです。

第6章

私のキャリア

私の役割

　ソムリエはワインの専門家ですが、それだけではプロのソムリエとは言えません。

　ソムリエがお客様やお店、シェフ、そしてスタッフのためにできることは、「ワインや料理を結びつけて、食事の時間を盛り上げること」と、「その組み合わせで、物語を創っていくこと」です。

　プロのソムリエは、お客様に満足していただくことはもちろんのこと、同時に「売り上げを立てて利益を創出すること」も、求められます。

　お客様の満足と会社の利益は相反することのように思われがちですが、そんなことはありません。

　しかし、それを実現するためには、ワインの専門家以外の役割もこなさなければなりません。
　そのためには何でもしなければならないので、常に頭を使うし、あらゆるところで感覚を研ぎ澄ます必要があります。

　私は、プロのソムリエになるべく、キャリアの中で自己研鑽に努め続けた結果、自分の役割がどんどん明確になっていきました。

レストランは舞台

　レストランは、多くの人が集う「舞台」です。

　その舞台において、ソムリエは「演者」の一人に過ぎません。

　そして、演者がソムリエだけでは、観客であるお客様を満足させることはできません。観客を舞台に集めて、利益を得ることもできません。

　舞台に必要な演者は、お客様であり、料理であり、ワインであり、そしてそれに携わる全てのスタッフです。

　その舞台を成功させるために必要な役割は、様々です。

　そしてプロのソムリエは、立ち位置によっては、演者以外の役割も引き受けなければなりません。

プロデューサー：店を運営し、企画を立案し、利益を得ることで
　　　　　　　　店の存続や発展を目指します。スタッフの育成や、
　　　　　　　　人事評価も担います。
ディレクター：現場における総監督として、人の配置をして、料
　　　　　　　理やサービスの演出をします
脚　本　家：店のストーリーを明確にし、料理やサービスによる
　　　　　　　演出を具現化します。しかも、料理やワインを美し
　　　　　　　く表現する「作家性」と、お店の売り上げに繋げる
　　　　　　　「商業性」を兼ね備えなければなりません。
弁　護　士：店を継続させるためには、店やスタッフの名誉を守
　　　　　　　らなければなりません。法令順守は、大前提です。
　　　　　　　店の代表として、クレーム対応も担います。

天からの授かりもの

　私は、1964年3月16日長野県大町市で生まれました。

　大町市は、長野県の北西部にあり、富山県と接しています。とはいえ、西部には標高3,000メートルの北アルプス、東部には1,000メートル近い山々が連なっているので、行き来は簡単ではありません。そういった意味では、閉鎖された空間です。

　山に挟まれた盆地を高瀬川が南北に縦断している、複雑な地形です。気候の変動も激しく、冬季は零下15度以下夏季は30度以上の日も珍しくありません。厳しくも豊かな自然の中に佇む故郷です。

　盆地なのですが、湿気はあまりなく、大陽がよく当たり寒暖差もあるので、リンゴが病気になりにくい、格好の気候です。

　実家の本家は、その地でリンゴ園を営んでいます。

　自然に揉まれながら育つ長野のリンゴは、酸味がきれいに乗っていて、皮が硬くてパリッとしていて、噛み応えがあります。青森のリンゴはペプチンが多いので甘くて柔らかいのですが、長野のリンゴはシュワとした甘みがあって、シャキシャキしている美味しさが身上です。

　自然に囲まれた生活は、私に「雑味のない味覚」をもたらしてくれたように思います。

　幼少期に天然のものに恵まれた食生活を送っていたことは、今考えると、天からの授かりもののような気さえしています。

　「演者」としての資質を蓄えた時期、と言えるでしょう。

20代

20代は、ワインを学ぶことに身も心も捧げました。

「演者」として、スキルアップの時代です。

くろよんロイヤルホテル（長野県・大町市）

私は18歳で「くろよんロイヤルホテル」（後にホテルリーガロイヤルグループが買収）に、就職しました。関西電力の子会社です。

大町市は立山黒部アルペンルートの長野県側玄関口だったので、ニーズがあったのでしょう。

私はホテルのフランス料理店で、朝食・昼食・夕食を担当していました。とにかく忙しくて、特に夏は忙殺されていました。

当時は、ホテルも自分自身もワインに無頓着で、関西電力の偉い方が来る時のための置いておいた、サドヤワイナリーのシャトーブリヤンやシャトーマルゴーを、冷蔵庫に入れていました。

今考えると、冷や汗ものです。

夕食の時間に仲良くなったお客様が、翌朝自室の部屋から赤ワインを朝食会場に持って来て、「これ、飲んでみな」と渡してくださいました。おそらく、持ち込まれたワインを食後に飲まれた、その残りだったのでしょう。

そのワインが美味しくて、驚きました。香りもよかったし、のどごしも素晴らしくて、今考えるとブルゴーニュだったと思います。

それまで、一度たりともワインを美味しいと思ったことはありませんでした。酸っぱくて、渋くて、よく分からなかったのです。

初めて「ワインって美味しいんだ！」と知って、そこからワインに興味を持ち始めました。

その頃、たまたま開いた料理雑誌に「木村克己さん、ソムリエとして世界４位！」という記事があり、その格好良さが強烈に記憶に残りました。そこから俄然ソムリエになりたいと思い、ワインの本を買い漁り始めました。

しかしあまり入手できず、浅田勝美さん（初代ソムリエ協会会長）の教本を、端から読んでいました。

木村克己さん

20歳になった頃、日本人ソムリエとして初めて世界コンクールに出場した木村克己さんにどうしても会いたくなり、神戸ポートピアホテルの『アランシャペル』（兵庫・神戸）まで、出向きました。

意気揚々と、ワインリストを開きました。

ところが、アランシャペルのワインリストはカリグラフィー文字の手書きで、さっぱり読めません。赤ワインか白ワインかも分からず、値段しか読めない状態です。もうショックでした。

そこで「すみません、この料理に合うワインを教えてください」とお願いしたら、ソムリエが１万円くらいのものを指差してくれました。「シャトーブスコ」だったと思います。

その後、本で勉強した流れに従って食後酒を飲んでいたら、木村さんがいらしてくださって、そこで初めてお目にかかることができました。本物はやっぱり格好良くて、自分の仕事もこれかなぁ、と思いました。

アカデミー・デュ・ヴァン

　ソムリエを目指したいと思ったのですが、木村さんと私は一回り違います。木村さんは30歳過ぎで既に世界コンクールに行ったりシェフ・ソムリエとして活躍したりしていましたが、12年後の自分は木村さんみたいになれるのだろうか、という疑念が湧きました。

　そこで、東京に行きたい、と思うようになりました。

　木村さんがアランシャペルを辞めて、東京渋谷のレストラン『ロアラブッシュ』（東京・渋谷）の総支配人になったことを知り、会いに行きました。その時のシェフが、後々深い繋がりを持つことになる吉野建（ヨシノタテル）さんです。

　ここで働きたいと言ったら、木村さんはもうすぐ辞めるとのこと。しかし「ワインスクールをやるから、来れば？」と誘われたので、「アカデミー・デュ・ヴァン」のプロフェッショナルコースに通うことにしました。彼は、アカデミー・デュ・ヴァンの最初の校長だったのです。

　毎週、長野から20回、通い続けました。

　講義の帰りに、渋谷の西武デパートでワインを12本買って帰るのも、ルーティーンの一つでした。

　22歳の頃、アカデミー・デュ・ヴァンでの勉強と同時進行で、第一回ソムリエ試験に、チャレンジしました。

　取得番号は、248番！

　去年取得したスタッフの番号が2万番台だったので、かなり早い時期です。

熱田貴さん

　ワインを学ぶようになると、有名な熱田貴さんにどうしても会い
たくなり、ホテルニューオータニの『トゥールダルジャン』（東京・
赤坂）に、行きました。

　熱田さんに「ソムリエになりたい！」と伝え、鴨料理のアラカル
トを頼んだ後に「お薦めのワインはありますか？」と聞いたら、ロ
マネコンティ1972年を薦められました。なんと99,000円で、当時の
私の月収よりも高い値段です。

　アカデミー・デュ・ヴァンで勉強していたのでワインの名前は分
かっていましたが、ロマネコンティなんて見たこともありません。

　あんなに広くて豪華なレストランでしたし、ソムリエもいっぱい
揃っていて、しかも99,000円です。

　いろんな意味で、汗が出てきました。

　ソムリエを目指す若者の経験値を上げようと思われたのか、本気
度を試されたのか熱田さんの真意は分かりませんが、強く印象に残
る思い出深い出来事でした。散々迷って結局飲まなかったのですが、
「飲めばよかったなぁ」という思いが、今でも心に残っています。

　今、私が熱田さんのような立場になることがあります。

　店のスタッフには、20〜30万円のワインを抜いて飲ませることが
あります。勉強に来た若いお客様にも、ミニマムの価格でなるべく
いいワインを「経験だから、飲んでおきなさい」と、出すようにし
ています。

　同業者は大切に育てたい、と思っているからです。

エピファニー（静岡県・浜松市）

　「ワインを極めたい！」と覚悟を決めて、長野を出ることにしました。

　木村さんが、「まだ何も知らないんだから、オーナーシェフの店で、ソムリエだけでなくサービスとか何でもやりなさい。君は海を知らないから、まずは海の近くで勉強してきなさい」と、『エピファニー』を紹介してくれました。

　スイスやフランスで研鑽を積んだ南竹英美シェフは、『ベージュ・アラン・デュカス　東京』の小島シェフが若い頃に憧れたほど、素晴らしいシェフです。

　浜松に根付いた料理がコンセプトで、浜名湖と遠州灘のかれいや平目、牡蠣、わたりがに、さより、すずき、車海老、黒鯛、そして定置網にかかった小魚など、豊富な海の幸を使っていました。

　マダムの栄子さんは、全国でも女性は１割という1991年に、ソムリエ資格を取得して、浜松初の女性ソムリエとしても有名でした。

　そこに２年半程いたのですが、ワインセラーも作って貰って、本当に勉強させて貰いました。楽しかったです。

　その時のお客様が３人ほど、今でもお付き合いくださっています。30年以上のお付き合いです。

　先日浜松医科大学での学会で講演をさせていただいたのですが、そのお声がけをしてくださったのは、その中のお一人です。

初めてのコンクール

　25歳、1983年に初めて「フランスワイン＆スピリッツ全国最優秀技術省ソムリエコンクール」に、参加しました。

　木村さんも田崎真也さんも優勝した、コンテストです。

　予選では上位20人に入ることができましたが、決勝には進めませんでした。決勝メンバーは大阪リーガロイヤルホテルの岡昌治さん（現日本ソムリエ協会名誉会長）など凄い人達ばかりで、優勝は全日空ホテルの高橋時丸さんでした。

　コンテストとしては華やかないい時代で、お客様の「お薦めのワインは、何？」という質問に対して、いろんなコメントを加えながら、お客様を楽しませることができたら高得点という感じでした。

　審査のポイントは「優雅で楽しませる話術、デカンタージュ、テイスティング」など、基本に忠実なものです。

　くろよんロイヤルホテル時代にリーガロイヤルホテルの研修に行っていた時にお世話になっていた岡さんからは、「よく勉強して、頑張ったなぁ」と声をかけて貰いました。岡さんはいつも優勝に後一歩という方ですが、フランス人からも素晴らしいソムリエという高い評価を集める方ですから、本当に嬉しかったです。

　このコンクールで、自信を持つことができました。

　と同時に、世の中には凄い人がいっぱいいることや、今の自分のレベルや足りない部分を明確に知ることができたので、「もっと上に行けるかもしれない。天下を取りたい！」と、考え始めました。

　自分のフィールドを変えて戦いたいと、火が付いたのです。

ステラ マリス（神奈川県・小田原市）

　そういう思いを木村さんに相談したら、「ご飯を食べに行ってこい」と勧められたのが、『ステラ マリス』です。

　シェフは『ロアラブッシュ』で木村さんとお店をやっていた吉野建さんで、マダムの美智子さんがお店を切り盛りしていました。

　吉野さんは、フランス人でも作れない郷土料理がフランスで広く認められていて、フランスミシュランの星を獲った人でした。

　その料理は、洗練されているけれどクラッシックで力強く、ポーションもしっかりありました。今考えると、タッチやエッセンスにパリの『ロブション』の料理に通じるものがあり、フランスで食べるフランス料理という感じです。

　にもかかわらず、常に上を目指していることが感じられ、凄い店になるんだろうなと、食事をしながら、勝手にわくわくしました。

　訪れたその日に、私は美智子さんに拉致されました。

　「泊っていきなさい！　お店に来なさい！　いつ来る？　返事しないと帰さないわよ！」という感じです。

　後々知ったことですが、美智子さんは「この子面白い、モノになる」というようなことが、見えるそうです。

　ですから、美智子さんはいつも眼鏡にかなった人を拉致しているらしく、吉野シェフのことも、認めて結婚して盛り立てていました。

　今や日本を代表するパティシエの成田一世さんも、同様です。

　後に『タテルヨシノ』や『エスキス』で私も一緒に働くことになったのですが、彼がパリのシャンゼリゼ通りでローラースケートをしていたところを、美智子さんが捕まえたそうです。「何している

の？」「パティシエです」「じゃあ、ちょっとうちで作ってみたら？」という流れだったそうで、その慧眼たるや恐るべしです。

　私の場合は木村さんの紹介というインセンティブもあったと思いますが、いろんな人に、先入観なしにチャンスをあげる人なのです。

　私は迷いなく心を決め、浜松で辞意を伝え、一か月も経たないうちに荷物を全部車に放り込んで、小田原まで飛ばしました。

　場所は小田原ですが、東京からのお客様ばかりでした。

　昼も夜もコースは１万円以上、トータルで２万円以上が普通で、アラカルトも一品１万円や時価という、強気の価格設定です。

　吉野さんはアーチストで、かつアラカルトが大好きなので、例えば「今日は、鯛がいいんだよね」と、時価で出します。

　魚は、隣に住んでいる漁師さんの一本釣りを言い値で買うので、市場で買うより断然高くなりますが、やっぱりいい物です。ですから、時価になるのは仕方ないのです。

　吉野さんは気に入って買い込んだ食材を使い、私たちスタッフはそれに見合った価格で売らなければならないので、大変です。

　しかし、もの凄く勉強になりました。

　吉野さんは、元々肉が好きで、ジビエ料理が有名で、本も出していました。しかし、小田原では「魚介類も野菜も、制覇したい」という思いがあり、必然的に膨大な数のメニューになっていきました。

　とはいえ、吉野さんは原価計算できません。できないからこそ、あれだけの仕入れやメニュー構成ができたのでしょう。

　経営に関しても、美智子さんの存在は大きかったと思います。

　最初の日から支配人が「今日から君がソムリエだから、勝手にやっていいから」と、ワインの仕入れから全てを、任せてくれました。

　ワインリストは、木村さんの真似をして、手書きにしました。

　しかし、最初のお客様から試練でした。

　料理関係の本を出されている方から「私の好きなワインを持ってきなさい」というリクエスト。試されたのでしょう。

　しかし、セラーに行ったら、知らないワインばかりです。

　お客様の雰囲気を考えて1985年の「ヴォーヌ・ロマネ」を持って行ったら、「あら、よく分かっているじゃない。君、センスあるね」と言っていただき、それから可愛がっていただきました。

　実は、彼女はソワニエ（最上級の顧客）だったのです。

　お客様は、そんな感じの方ばかりでした。

　美智子さんは、新入りの私を、お客様やメディアに、シェフと同等に紹介してくれました。そうなると「自分も、ここの第一線で、できるんだ！」と自信を持てるようになり、そういう風にやる気にさせるのが、美智子さんは上手でした。

　美智子さんに出会っていなかったら、今の私はないと思います。

　休みは週に一日しかありませんでしたが、『アピシウス』（東京・有楽町）など有名な店で10万円払って飲食したり、五大シャトーのワインを買ったりと、ひたすら自分に投資していました。

　ソムリエは「これを飲みたい！」という情熱がないとできません。

　しかしそればかりでは、料理とのバランスはとれません。

吉野さんは、フランス人でも難しい本格的な料理を次から次に供するので、ワインがそれの助けになるようにしなければ、と思うようになりました。

　ですから、料理も一生懸命勉強して、丁寧にワインを選んでいましたが、当時は定番のマリアージュしか提案しなかったと思います。

　自由な発想など、まだまだ思い至りませんでした。

コンクールに再挑戦

　27歳、再度挑戦した「フランスワイン＆スピリッツ全国最優秀技術賞ソムリエコンクール」で、決勝に進みました。

　結果、準決勝では１位だったのに、優勝できませんでした。

　しかし、優勝できなかったからこそ、今があるのかもしれません。

　その時の会場は「都ホテル」（東京・白金）で、そこで後々縁が繋がる田中優二さんと、出会いました。

　コンクールの応援に来てくれた吉野さんや美智子さん達とコーヒーショップにいたのですが、そこで働いていた田中さんは私のことを「髭なんか生やして、なんだあいつ？」と、思っていたそうです。

　私は、彼のことを覚えていませんでしたが。

　ステラ マリスに来て２年半後、吉野さんがパリに行くために、閉店となりました。

　しばらく待っていましたが、吉野さんがいろいろなトラブルに巻き込まれ、パリでの出店は結局頓挫してしまいました。

オランジェリー・ド・パリ（東京・青山）

　ステラ マリスが閉店した後は、あちこちの店を手伝っていて、そのうちに『タイユバン・ロブション』が1年後に開店する、という話が流れてきました。

　本当はそこに行きたかったのですが、結婚したばかりでとにかく稼がなきゃいけないということで、表参道沿いにある森英恵ビルの『オランジェリー・ド・パリ』に、勤めることにしました。

　面白いことに、その店はオーダーも調理もサービスも、全てが森英恵先生ファーストでした。

　今では考えられないことですが、森先生が食事するための店という感覚もあって、シェフもスタッフもみんながそれに対応していました。

　先生は忙しい方なので「クイック！クイック！」と急かされることも多く、一方ゆっくり時間をかける外国人のお客様も多かったので、いろいろな優先順位を学びました。

　例えばこのお客様はお急ぎだからサービスのペースを早くしよう、このお客様はゆっくりワインを楽しんで貰おうなど、個々のお客様をより丁寧に観て、対応できるようになりました。

30代

　30代は、20代の経験を糧に、自分のスタイルを華やかに表現した時代でした。

　「看板役者」の一人として、結構活躍していたと思います。

　また、部下のコミ達と連携することで、少し「ディレクター」の真似事をやり始めた時期でもありました。

タイユバン・ロブション（東京・恵比寿）

　その舞台を与えてくれたのが、『タイユバン・ロブション』です。

　フランスで３つ星を獲っている『タイユヴァン』がサービスを、『ロブション』が料理を担当して、共同営業していたので、６つ星と称されることもありました。

　多くの素晴らしいお客様に出会い、素晴らしいワインを抜かせて貰った日々でした。

　1995年30歳になる頃、タイユバン・ロブションのメートル・ドテル山地誠さん（現株式会社フォーシーズ　ロブション事業本部常務執行役員・総支配人）から「ソムリエやらない？」という電話がかかってきて、それで面接を受けることになりました。

　面接官は、パリのタイユヴァンオーナーのヴリナさんです。

　40分間、いろんなことを事細かに訊かれました。

　その時の質問と私の回答を、いくつか紹介します。

Q：コートロティ、このワインの一番いいところは何ですか？

A：「スパイシーで力強く、スミレの香りを感じる赤ワインです」

Q：サービスをしていてコルクを折ってしまいました。
その破損してしまったコルクをお客様に提示する時に、あなたは何と言いますか？

A：「申し訳ございません。コルクは問題ございません」
お客様に不安を与えてしまい、3つ星にあるまじき不手際です。ごまかさずに、きちんと謝罪することが大切です。

Q：シャトーマルゴーを冷やして欲しいと言われたら、どうしますか？

A：「氷を入れないお水に、入れます。冷やした気分にさせるためです」
マルゴーの味を壊さない、ぎりぎりの選択だと思います。

Q：アンリジャイエが作っているワインを全部言ってください。

A：全てを答えたつもりでしたが、一つだけ欠けていました。
人気があって需要のある素晴らしいアンリジャイエのドメーヌの作り方からフィロソフィーまで、どれだけ知っているかの確認でした。どういう方々にお薦めできるかという意識も、問われていたと思います。
今となってはロマネコンティと同じレベルになっていますから、アンリジェイエを推していたヴリナさんは、先見の明があったと思います。

Q：シャトーシャロン（樽の中でわざと熟成させたシェリーみた
　いなワイン）に一番合う料理は？

A：「プーレ・オ・モリーユ（モリーユ茸を添えた鶏のロースト）
　が一番いいと思います」

　他にも古典的なことや、料理・マナー・ワインなど全般のことを
ポイントで聞かれました。

　それは、ヴリナさんがソムリエやメートル・ドテルに行った最後
の面接でした。その後はディレクターが面接するようになったので、
得難い機会だったと、今でもとても感謝しています。

　ヴリナさんは、経営母体であるサッポロビール株式会社が既に内
定通知を出していたソムリエやメートル・ドテルでもバンバン落と
したという強者で、その理由は「この店に、合わない」だけです。
　合わないとは、価値観や雰囲気のことで、エスプリを感じない人
は入れたくなかったようです

　タイユバン・ロブションのエスプリとは、「自宅に招くようなサ
ービスで、さりげない笑顔と優しさを保ち、お客様が楽しいと思う
ことも自分にとって楽しいと思える人間」ということです。

　ですから、恰好つけたがる人やオレ様的な人、マニアックな人な
ど、お客様に気を遣わせてしまうような人は合わないと、見抜くの
でしょう。

　慇懃無礼ではない柔らかなサービスで、３つ星のクオリティを保つためには「知識と資質と人間性が必要不可欠である」というのが、ヴリナさんの確固たる信念だったように思います。

　特にソムリエは、ヴリナさんのビジネスの中では大切な立ち位置だったので、それが面接の合否のポイントだったようです。

　ヴリナさんには、とても可愛がって貰いました。

　「君に頼みがある。セラーをきれいにして」を言われ、毎日検品しながら、整理整頓していました。

　もの凄く大変でしたが、楽しかったです。

　休憩時間のほとんどを、広いセラーの中で独り過ごしていました。

　エアカーテンのように湿度がゆっくりと降りてくる下で、素晴らしいワインに囲まれて、「どういう方に飲まれるのかな？」とお客様が喜ぶ顔を思い浮かべ、ワインとのストーリーを紡ぐ時間は、まるで森林浴をしているような、至福のひと時でした。

　その後客席で実際にそのワインを喜んでいただける時間も含めて、仕事にとても満足していました。

　少しだけ「脚本家」に近づいてきた時期でもありました。

40代

　40代は、これまでやってきたことを整理整頓して、よりよい形に変えていかなければいけない、と考えていました。

　苦しかったけど、多くのことにチャレンジし続けた時代でもありました。

　『タテルヨシノ』で総支配人になったことで、役割は一気に広がりました。

　まずは「プロデューサー」として、運営や人事に責任を負うようになりました。これが一番の変化であり、一番厳しい役割でした。

　「ディレクター」として、店全体の総監督にもなりました。料理をシェフと一緒に考えたり、人員配置を考えたりと、リーダーシップを一層求められるようになりました。

　「脚本家」として、ワインだけでなく、料理やスタッフのことも言語化し、お客様に喜んで受け入れて貰えるような「物語」を紡ぐようにもなりました。

　もちろん「演者」としての役割もあります。看板役者として、お客様を呼び込まなければならない使命も、背負いました。

　そして「弁護士」としての役割です。規律を考え、スタッフに守らせることで、法に則った運営をしなければなりません。また、時にはお客様やマスコミなどの外圧に対して、体を張って立ち向かうことも、必要となるかもしれません。

　プロデューサー同様、なかなか覚悟のいる役目です。

タテルヨシノ（東京・芝／銀座）

2002年40歳になった時、小田原のステラ マリスでお世話になった吉野さんが、タイユバン・ロブションに、食事に来ました。

「東京で店をやるから、責任者でやってくれないか？」と、声をかけてくれたのです。

9年ほど勤めたタイユバン・ロブションから離れることに、迷いはありました。しかし、経営がサッポロビールから変わるという噂があり、自分の進退を考えていた時期でもありました。

2003年、芝パークホテルの『タテルヨシノ』に行くことに決めました。吉野さんへの恩返しという気持ちもありました。

しかし、一人では行き届かないことが分かっていたので、タイユバン・ロブションのメートル・ドテルで、一緒に接客をしていた田中優二さんを誘いました。当時田中さんはプルミエ・メートル・ドテルを目指していたのですが、人材の豊富なタイユバン・ロブションでは上がつかえていて、なかなか昇進できずにいたのです。

その代わり、吉野さんに「田中さんには、これくらい払ってください」と、年俸を提示しました。「そんなに払うのか！」と驚かれましたが、サービスの大切さと田中さんの力量を知っている私は、年俸にこだわったのです。

私は、顧客をそれなりに持っていました。吉野さんの料理の美味しさも、折り紙つきです。

ですから、ある意味、自信を持った転職でした。

しかし、開店当時はタイユバン・ロブションのお客様も来てくだ

さいましたが、リピートになかなか繋がらず、全体の3割しか占めませんでした。

タイユバン・ロブションのしつらえは素晴らしいので、そこに行くこと自体の価値も、高かったのだと思います。そしてお客様は「タイユバン・ロブションの若林」が好きだったのでしょう。

勝手にお客様が来て、毎日満席になるという環境に、甘えていたことに気付かされました。

タイユバン・ロブションのお客様は待っていても来ないと悟ったので、この店でお客様を作るしかないと、考えを変えました。

「料理は、間違いない」「じゃあ、どうしようか」「ここでできることをやろう」「タテルヨシノが本当に好きな人を、増やしていくしかないよね」と、田中さんと話し合いました。

それぞれの得意分野をスキルアップさせる傍ら、教えあい学びあうことで、私も田中さんもサービスの幅が広がってきました。

そして、お互いがお互いを補い合える接客ができるようになった頃から、お客様が増えてきました。

タイユバン・ロブション時代は、お店の評判＝自分の評価だと、勘違いをしていました。

タテルヨシノは、自分自身への本当の評価でした。

「一つ一つのテーブルを、丁寧に大切にするしかない」と心に刻み込んだこの時間のおかげで、私は強くなれたのだと思います。

3年後、2007年度版ミシュランガイド東京で1つ星を獲ったことも、飛躍したきっかけになったと思います。その後、芝が2つ星、汐留と銀座が1つ星を獲りました。

パリのミシュランで1つ星を獲った吉野さんの、面目躍如です。

2008年には銀座店をオープンし、私は総支配人として赴きました。

芝店は、田中さんがデクパージュなどを強化して、総支配人として守ってくれました。

レストランウエディング

実は、田中さんは銀座でレストランウエディングをやりたいと考えていて、新婦や親族の控室のために、個室を2つ作りました。また、新郎新婦の入場などの動線を確保できるレイアウトにもしました。

私は、ブライダルはさっぱり門外漢で苦手意識があったのですが、やってみたら面白かったです。

レストランウエディングが流行っていた時期とも重なり、年に50本は実施しました。

ブライダルは、プロデュース会社との関係性がとても重要です。

上から目線はもちろんダメで、「いつもありがとうございます」の心持ちでいることが大切です。当日のスタッフ達とも仲良くしないと、何事もスムーズに進みません。

披露宴の料理は一度に大人数に出さなければならないので、メニューもサービスも通常業務とは大きく違ってきます。

時には、こだわりを捨てて、妥協することも求められます。

そういう意味でも、プロデュース会社とのすり合わせを、綿密にする必要がありました。

エスコートを完璧にすることも、大切です。

お金を払ってくれる方にはスタッフを二人つけて、完全にケアできるようにしました。

新婦には一人つけて、親御様には二人つけることもありました。

新郎新婦のメインテーブルや主賓卓は、私が担当するようにしました。

タテルヨシノでの結婚式はそれなりに高額になりますから、主催者もゲストも、富裕層の方が多かったと思います。

そして、料理やサービスを気に入ってくださると、顧客になってくださいました。

ゲストのご友人の結婚式やパーティーに使ってくださる方も、多くいらっしゃいました。

宣伝効果が、非常に大きかったです。

売り上げ的にも、大きかったです。

一度に60〜70人入るのですが、同じ新郎新婦が昼夜ダブルヘッダーで開催してくださることもありました。

お客様単価が高い上に、同一メニューということで、コストも下げられます。

プロデュース会社にプロデュース料を10〜15％支払ってもなお、大きな利益を生むことができました。

50代

　50代の今は、これまでやってきたことを花咲かせようとする時代だ、と思っています。

　早くに花が咲いてしまうと、萎れてしましまっます。

　花を咲かせるのは、遅い方がいいのです。

　私は晩年に「やりたいことがやれて、良かったなぁ」と思いたいので、それがこれからの目標です。

　30代40代は華やかな表現を目指していましたが、50代になってからは、自分を自分らしく表現できるようになってきたと思います。

　経験や理論をベースにした表現は、丁寧に歳を重ねたからこそできることだと自負してもいます。

　「脚本家」として、少し自信がついてきました。

　数々の経験を経て、「プロデューサー」や「ディレクター」としても、少しは余裕を持った観点を持てるようになったように思います。

　会社やスタッフを守る「弁護士」として、責任をより重く感じるようにもなりました。

　来る60代とエスキスの将来を見据え、より丁寧にお客様やシェフ、スタッフと向き合い、皆が幸せになるように、一層精進すべき年代だと思っています。

エスキス（東京・銀座）

　ある外国の方がリオネル・ベカシェフから「自分の店を開きたい」と相談を受けた時、「この3人でやると、面白いよね」と、ある資産家の方に、私とパティシエの成田さんの名前を挙げてくださったそうです。その方は、広尾で新しい店を計画中でした。

　私は、タテルヨシノも吉野シェフも好きでした。しかし、お話をいただいた時に、自分の殻を破りたいと思うようになりました。

　これまでの自分は間違っていないと思うけれど、「ワインのようにいいヴィンテージになって、より熟成したい」と強く願っていたので、よりよい表現ができるには環境を変えた方がいい、と考えるようになったのです。

　成田さんは、タテルヨシノの元同僚で、気心が知れた間柄です。

　リオネルは、いつもポジティブに話してくれて、遠慮なくストレートに議論できる、楽しい相手です。

　こうしてチームができたのですが、まさかの事態。広尾のプロジェクトが頓挫したのです。私達が宙に浮いたところを、今のオーナーの大徳真一氏がチームごと引き受けてくださり、それが『エスキス』のオープンに繋がりました。

　エスキスは、開店初年度から、ミシュランガイド東京で2つ星を獲り、ゴ・エ・ミヨでは最高の評価をいただきました。

　注目されて、記事も出るので、お客様が来てくださいました。

　しかし、2年目の売り上げは落ちました。飽きられたのか評価がよくなかったのか分かりませんが、その時はタテルヨシノでの経験が、大きな救いになりました。肝を据えることができたからです。

銀座のポテンシャル

　銀座は、日本一の社交場として、いろいろな方が集まります。

　エスキスのある５丁目は、その銀座の真ん中に位置しています。

　これまでも名店と言われる店にご縁をいただき、素晴らしいお客様に育てていただきましたが、銀座のお客様にも鍛えられています。

　エスキスは、富裕層か法人のお客様が主で、満足して当たり前という方が多いので、より満足していただくためのハードルは極めて高いと思います。

　夜間のお仕事の前にいらっしゃるお客様も多いため、時間に制限のある場合が珍しくありません。

　お金があって、何でも買えて、高級ワインをオーダーすることも当たり前という方達に、「ここに来ないと得られないものがある」と思って、来店していただけることは、非常に光栄です。

　と同時に、それに甘んじることなく、リオネルの料理と私のワインというエスキスの強みを攻めて、オンリーワンになっていかないと、先はないと思ってもいます。

　上質を求めるお客様に向き合って、研鑽を積んでいけば、必ずいいソムリエになれます。

　そういう意味では、銀座は修練の場として一番だと感じます。

　ですから、若い子にもどんどんチャレンジができる環境を整えたい、と思っています。

ブライダル

　タテルヨシノの時のようにレストランウエディングをやりたい気持ちがあるのですが、レイアウト的にもテーブルの形状的にも、少し難しいかなと思います。

　ただ後輩の結婚式に行った時、とても参考になりました。

　最初は立食で1時間半、カナッペと飲み物を楽しみながら、新郎新婦とおしゃべりをしたり、写真撮影をしたりしました。

　その後別の部屋に移って、着席で前菜から魚、肉、デザートまで楽しみ、1時間で終了です。

　こういうスタイルなら、どこかの会場を借りて立食で一次会、その後エスキスにて着席で二次会、ということも可能かな、と考えたこともありました。これからも、模索していきたいと思います。

今後のエスキス

　よく「これから先、エスキスは何を目指しますか？」という質問を受けます。

　エスキスはフランス語で「素描」という意味です。

　私たちはまだスケッチの段階なので、完成形はこれからです。

　その分自由度が高く、より前へ前へ進化していきたいと思います。

　去年は去年、今年は今年なので、「○年前に食べたあの料理が食べたい」といったリクエストをいただくことがありますが、申し訳ないと恐縮しつつお断りさせていただいています。今のエスキスをぜひ満喫していただきたいと、思っているからです。

　そして、今後のエスキスに期待していただければ、幸いです。

第7章
個人的に愉しむ

ワインショップ

　ワインショップでソムリエにワインを選んで貰い、それがとても美味しかったら、ぜひそのソムリエを大切にしてください。

　それは、自分のテイストとソムリエのセンスが合った、ということだからです。

　そのソムリエとの出会いに感謝し、通い続けていると、自分のテイストを、より理解して貰えるようになります。

　自分も、ソムリエを理解するようになるでしょう。

　信頼関係の始まりです。

　ワインショップとレストランのソムリエの違いは、サービスをするかしないかです。

　極端に言えば、ワインショップは売って終わりです。

　自分が売ったワインをお客様が最終的にどう評価するのか、分からないことがほとんどです。

　自分の好きなワインを薦めるソムリエが、少なくありません。

　「これは、普通は飲めない値段ですよ」など、コストパフォーマンスや希少品であることばかりを喧伝するソムリエも、珍しくありません。

　しかし、お客様のニーズは、本当にそれでしょうか。

　そのニーズに、きちんと応えられているでしょうか。

　ワインショップは、もっとお客様のTPOやバックボーン、目的などを、知って欲しいと思います。

　「美味しいワインは、どれですか？」「これです！」というような雑な接客は、ソムリエ的にはありえません。

　自宅用なのかギフト用なのかを確認しないなど論外ですが、意外とそれができていません。

　真摯に向き合って、ゆっくり話を聴いて、ゆっくりサービスをしていると、「実はね、こういう日で、こういう人と飲むんだ」という話が出てきます。

　ソムリエが、お客様のそうした言葉をキャッチして、それを自分の中で丁寧に理解して、ワインをきちんと選んだら、それはお客様の予算の中で最高のレベルのものです。

　ソムリエたるもの、最高のパフォーマンスをしないと意味がありません。

　そして最高のパフォーマンスをするために、自分の好きなワインは外しておきます。

　「ここで買ってよかった」と思って貰えるワインを売って欲しいと、心から思います。

　ですから、「好きなワインは、売るな！」と、言いたいです。

ワイングラス

　ワイングラスは、とても大切です。

　極端な話、どんなに高級なワインでも、紙コップでは少しも美味しく感じません。

　かと言って、高いワイングラスを全種類揃えなくても大丈夫です。

　ワインの色や香り、味を楽しむためには、やはりステム（足）があって、厚さが薄いグラスがいいでしょう。

　そして細長いタイプと、横に広くてふくらみのあるタイプの2種類があれば、結構ワインを楽しめます。

　感覚的に言うと、細長いグラスは、ワインが口の中ですっと縦に流れるので、すっきりした味わいになります。横に広いグラスは、甘さや香りが増幅します。

　ふくらみのあるグラスは、赤も白も兼用できます。ふくらみの少し下までワインを注ぐと、見た目が美しく、香りもよく広がります。

　縦長のグラスは、ソーヴィニヨンブランタイプと呼ばれています。ソーヴィニヨンブランは、すっきりして香りがアロマチックで、フレッシュさやフルーティさがあり、そういう特徴を際立たせてくれるのが、縦長グラスです。

　同じ白ワインでも、シャルドネは樽香があり、乳酸のミルキーさが特徴です。横に広いグラスだと旨味が口の中で広がるので、美味しく感じます。

　エスキスのウェルカムドリンクであるシャンパンは、キリっとのど越しのいい、細長のフルート型でお出ししています。

　旨味を感じすぎるとそこで満足してしまい、お代わりやその先の

ワインに繋がりにくくなるからです。

　あるお客様が、「シャンボールミュジニーって、華やかなワインよね」とおっしゃいました。当日のメニューは鴨だったので「軽すぎて、合わないかな」とも思いましたが、お客様が喜んでくださると確信したので、それをお出しすることにしました。
　そこで考えたのが、グラスの形状です。ふくらみのある大きなグラスで、楽しんでいただきました。
　好きなワインの楽しみ方の、一例です。

　一本のボトルでも、グラスを変えることで、味わいの変化を楽しめます。
　シャンパンでも白ワインでも赤ワインでも、最初は細長いグラスですっきりと味わい、２杯目以降はふくらみのあるグラスにして旨味を存分に楽しむ、といった具合です。
　一本の赤ワインを、味わいの変化に合わせて、グラスを５〜６個変えるという楽しみ方も、いいものです。

　好みの違う人が、一緒に、一本のワインを楽しむこともできます。
　例えばボルドーで、一人はふくらみのあるグラスで、ボリューム感や深い味わいを楽しみます。もう一人は、縦長のグラスですっきりとした味わいを楽しむ、といった具合です。

　グラスの形状は、視覚的にも「すっきり・ゆったり」などといった感覚を与えてくれるので、ワインを楽しむアイテムとして、大いに活用したいものです。

ワインの温度

泡 　＜ 　白ワイン 　＜ 　赤ワイン

8～12℃ 　　10～14℃ 　　16～18℃

　温度の管理は、ワインを美味しく飲むためにとても大切です。

　一般的に適正温度は、泡8～12℃、白ワイン10～14℃、赤ワイン16～18℃と言われています。

　しかし、泡や白ワインの一杯目は冷たい方が美味しく感じるので、泡8℃、白ワイン10℃がお薦めです。

　「赤ワインは室温で」と言われていますが、これはフランスの部屋（シャンブレ）での話です。日本の室温で保管すると、熟成が進みすぎたりするので、注意が必要です。

　ワインクーラーがあればいいのですが、そうでない場合は、冷蔵庫の野菜室などで保管するのも、一案です。

　セラーや冷蔵庫から取り出してから料理を始めると、食事の時にいい温度で、美味しく飲めるでしょう。

　エスキスでは、店内のセラーは15℃に設定していて、オーダーをいただいてすぐに抜いても、美味しく飲める状態にしています。

　ただし、古い赤ワインはこの温度だと熟成が進んでしまうので13.5～14℃に設定した別のセラーに保管しています。

　別のセラーからワインを持ってきた場合は、飲み頃になるまで白ワインお薦めたり、料理の出来上がりを調整したりしています。

テイスティング

　テイスティングをして「美味しい」の一言で終わらせては、楽しみが半減です。何がよかったのか、それを丁寧に考えると、自然とわくわくしてきます。

　まずは色です。グラスは、ステムを持ちます。

　グラスを斜めに傾けて、白い紙の上で見ると、よく分かります。

　そしてその色を、一言で表現してみましょう。

　透明感は、そのワインが健康であることを物語っています。

　次に香りです。

　まずは、グラスを振らないで、嗅いでみましょう。

　そして、自然界のものに言い換えてみます。丁寧に分析してみると、野菜、フルーツ、ハーブなどを感じませんか。

　第2章で紹介した長野県の日滝原ワインを、例にとってみます。

　このワインは、最初にマスカットの香りを感じ、その後ろにハーブのタッチや柑橘系の香りを感じます。

　それから、少し手首にスナップを利かせて、振ってみます。

　すると、香りが増幅されます。トロピカルな香りがふっくらとしてきて、ボリューム感が出てきます。

　そして味です。フレッシュ感、膨らみ、バランス、葡萄のソーヴィニヨンブランのフレッシュなハーブの切れ味、セミヨンの繊細なふくよかさが、口に広がっていきます。

　このワインは、最初のスッキリ感と後味の満足感があり、2つの葡萄のバランスがいい出来栄えだと思います。

2つのアプローチ

ワインを家で楽しむ場合、2つのアプローチがあります。

一つは「料理を食べる時」に、何を飲もうかなと考えます。

もう一つは「料理を作る前」に、飲みたいワインを抜いてしまいます。そして、テイスティングしてみましょう。

硬いと感じた場合、しばらくの間空気にさらしておくと、カドが取れて香りが立ってきます。デキャンタに入れてもいいでしょう。

そうした化学反応も、楽しみの一つです。

蒸し暑い日などには、赤ワインであっても、少し冷やした方がいいと思ったら、それもいいでしょう。

飲んでみて「あ、こんな味がするんだ！　じゃあ、こういう味付けにしてみよう」というように、ワインの味によって料理のソースを変えたり、コショウを効かせたりなど、アレンジするのも一興です。

赤ワインの場合、渋味や酸味はどうでしょうか。

渋味が強かったら、脂肪分の多い牛肉にコショウを効かせた料理がいいかもしれません。

そこにバターを加えると料理がまろやかになり、ワインの渋味が取れてきます。

付け合わせはどうしましょう。キノコにすると、タンニンが溶けてきます。

　白ワインの場合、牛肉料理でも付け合わせをアスパラガスにすると、結構相性が良くなってきます。

　煮込み料理などの場合、これから飲むワインを日本酒の代わりに使ってもいいでしょう。

　このようにワインと語り合い、ゲーム感覚でわくわくしながら考えていくと、自ずと適応力が付いてきて、マリアージュの世界が広がっていきます。
　ここで「こうでなければ」という概念に囚われると、無難かもしれませんが、なんともつまらない食卓になりそうです。
　ぜひ、いろいろチャレンジして楽しんでください。
　それが、家呑みの醍醐味です。

色合わせ

　ワインに限らずどのアルコールでも、「色」を合わせると、マリアージュが案外上手くいきます。
　「白」ワインだと、魚や鶏によく合うのはご存じのとおりです。
　「赤」ワインだと、肉だけでなく、マグロやカツオも合います。
　「ロゼ」ワインだと、サーモンとのバランスが格別です。
　「黒」は、例えば醤油です。黒ビール、赤ワインがよく合います。

　古酒は、年を経るごとに色に深みが増してきます。
　その色味から食材をイメージしてみると、面白い組み合わせが見つかりそうです。

お薦めのマリアージュ

魚介類

　シャブリと生カキはよく聞く取り合わせですが、シャブリは生の貝類が生臭くなってしまうことがあります。フランスと日本のカキは違うので、実は相性があまりよくないのです。

　日本のカキには、少し冷やしたボジョレーヌーボー（新酒）がよく合います。そこにあらびきソーセージをボイルしたものを一口食べると、ワインが益々進みます。アイリッシュウイスキーとの組み合わせも絶妙です。

　私は、この取り合わせだと、延々飲んでしまいます。

　カズノコも、白ワインは合いません。私はよく「金魚鉢になる」と言いますが、口の中が生臭くなるのです。

　他の魚卵やこはだも、白ワインには難しいです。

　カズノコにオリーブオイルとレモンをかけると、白ワインでも相性が良くなります。オリーブオイルや調味料は、キューピットの役目を果たしてくれるのです。

　カズノコや白身の刺身は、シェリーがよく合います。少しソーダを加えると、よりなじみます。

日本料理

　醤油や出汁などと合うのは、ピノノワールです。

　渋味が穏やかなので、すっきりとした味わいになります。

　ニュージーランド産は、ごつごつしない心地よい渋味です。

カリフォルニア産は、果実感とボリューム感があります。

すき焼き

赤のボルドーメドックは、野菜をたっぷり入れたすき焼きによく合います。ただし煮るタイプではなく、ザラメを加えて焼きながら作っていく、関西風のすき焼きです。

日本酒の代わりに赤ワインを使うと、よりマッチします。

塩すき焼きというのがあって、塩と日本酒と鰹出汁で作りますが、これは白ワインがぴったりです。

焼き肉

バーボンは、製造過程で使う樽の焼いて焦がした香りが、肉の香ばしさとマッチします。

タレが甘めの時には、バーボンにソーダを加えて、甘味を流すといいでしょう。

焼き魚

焼き魚には甘酸っぱいハジカミが添えてありますが、辛口の梅酒はそれと同じ効果を持っていて、サッパリ感を醸し出してくれます。

天ぷら

ビールは苦味が出てしまうので、シャンパンがお薦めです。

シュウマイ

渋味がまろやかでサッパリした赤ワインが、合います。

カレー

　スパイシーな料理には、トロピカルな風合いのソーヴィニヨンなどが、合います。

　カレーは、ルーのタイプにもよりますが、果実感あって柔らかくてタンニンを感じないサンジョベーゼが、よく合います。

　カベルネソーヴィニヨンは、合いません。

　ワインが渋すぎると、料理も渋くなるからです。

お菓子

　お腹が空いているのに、家には静岡県・浜松名物「うなぎパイ」しか食べるものがなかったら、ワインは何を飲みますか。

　香ばしくて風味があるので、シャンパーニュなどいいですね。

　甘いお菓子には、ヴーヴクリコなど少し甘みがあるシャンパンなどがお薦めです。ロゼともいい相性です。

　ハロウィーンなどのイベントで、ぜひ楽しんでみてください。

アウトドア

　アウトドアで楽しむワインは、自由でいいと思います。

　ただし、ポイントやテーマを決めると、決めやすくなります。

　例えば、芝生の青い香りに包まれているシチュエーションでは、白ワインのソーヴィニヨンブランなどが、合うでしょう。

　また、炭火を使って調理をするバーベキューでは、シラーなどがよく合います。

第8章

未来に望むこと

待遇改善

　ソムリエは、お客様の真意までも汲み取り、提案しています。

　そういう意味では、AIは的確なワインを選ぶことや上手に注ぐことはできても、ソムリエの代わりは絶対にできないと思います。

　AIには、ワインに対する思い入れやフィロソフィー、個々のお客様に対するおもてなしや気遣い、料理に対する考え方などが内包されていないからです。

　だからこそ、サービス業界にたくさんの人が入って欲しいと思います。そしてそのためには、待遇の改善をするべきだと考えます。

年収の格差

　サービス業の離職率は、高い状況が続いています。

　厚生労働省の報告によると、4年制大学の新卒者の3年後の離職率は約3割で、それも十分残念な数字ですが、飲食業に限ると5割を超えています。ここ数年同じ傾向です。4年制大学卒以外でも、傾向はほとんど変わりません。

　その理由の一つとして、年収の低さが考えられます。

　令和3年の資料によると、業種別の年収の差は、一番差が開く20代後半の男性で、金融業・保険業が約339万円、宿泊業・飲食サービス業が約270万円と、70万円ほどの差があります。また、収入がピークを迎える50代頃の男性では、最も高い金融業・保険業と最も低いサービス業の間に、年収で約300万円ほど差が出てきます。

　サービスの仕事を目指す人材の多くは、人の役に立ちたい、人を幸せにしたいという純粋な心を持っていて、優れた人間性も持って

います。しかし残念ながら、結婚や子供の教育など将来に不安を覚えて、離職をしてしまうのです。「30歳の壁」と、言われています。

　社会的地位というのは、ある意味年収に比例していると思います。医師や弁護士の社会的地位が高いのは、その公益性もあるでしょうが、年収の高さも大いに関係しているのではないでしょうか。逆に年収が低いと、社会的地位もそれに伴っている、と思われがちです。
　そしてサービス業は、相対的に年収が低いのが、現状です。

　私は、年収を公開した方がいい、と思います。
　実際に、支配人やシニアソムリエで1,000万円貰えるという具体例があれば、憧れになります。いい競争も、生まれてきます。
　私が『タイユバン・ロブション』にいた頃、1,000万円を超えていたのはディレクターだけでした。
　シェフは2,000万円でした。レストラン共通で、シェフの方が、圧倒的に高い傾向があります。
　しかし、売り上げや利益率、顧客の数において、ソムリエも店に大きく貢献しています。当時、社長に「歩合制にならないですか？」と、直訴したことがあるくらいです。

　報酬は、年齢に関係なく貢献した人に支払うべきであり、例えば「大都会では支配人になったら、800万円とか1,000万円とか貰えるんだ。だったらやってみようかな。そういう風になるにはどうしたらいいのかな」という意識を持てるようになるべきだと思います。
　業界間の格差、シェフとサービスの格差を打破することが、強く求められているのです。

チップ制度を考える

　昔は、日本でもチップが当たり前にありました。

　パリの『タイユヴァン』で働いていた時、週5日同じスタッフで同じテリトリーを担当しましたが、顧客を持っているメートル・ドテルの下で働くスタッフは、チップを貰えるので頑張っていました。

　恵比寿のタイユバン・ロブションでも、チップをいただくことがありました。私の場合、最高は15万円でした。凄いサービススタッフは、ポルシェとか高級腕時計とかを貰ったりもしていました。

　チップ制があれば、サービス業界にもいい若い子が集まってきて、活性化すると思います。

　ただ今は、カード決済の会計が多く、そうなるとチップも店の売り上げになるので、分配するうえで難しい面があります。本人も、収入の処理が雑収入になるので、面倒です。ですから、現状をよく分かっているお客様は、現金でスマートに渡してくださいます。

　タイミングは、様々です。「今日はよろしく」と来店時に渡してくださる方も、「今日はありがとう」と帰り際に渡してくださる方もいらっしゃいます。あるお客様は、「先日は、母を気遣ってくれてありがとう」と、次にいらした時に渡してくださいました。

　先にいただいた方がテンションが上がると言う人もいますが、私としては感謝の気持ちがチップだと思っているので、後からいただく方が「ご満足いただけたのだ」と実感できて一層嬉しく思います。

　いにしえの有名なサービス人も、チップ制の復活は若い人たちのモチベーションになる、と言っています。

　私も、いい風習だと思うので、ぜひ復活して欲しいものです。

適正価格

　日本は豊かな食生活を誇っていますが、その背景には料理の安さがあります。

　東京オリンピックに来たメディア関係者が「コンビニエンスストアの食べ物の質の高さと安さは素晴らしい！」と絶賛する記事が、一時SNSに溢れていました。

　しかし、それらの根底にあるのは製造や運搬、販売などの人件費の安さではないか、という指摘もされていました。

　安くて美味しいことは、大切です。

　しかし、飲食業に関わる人達を守ることも、とても大切です。

　適正価格の「適正」という部分を、消費者目線だけで語ることは危険だ、と考えるゆえんです。

　外食には、食材と調理とサービスだけでなく、初期費用や家賃、光熱費、人件費など、店の運営にかかる費用がかかっています。

　「安くていいものを、美味しくして、高く売る」技術や文化が、求められます。そうであれば、利益が上がり、給料も上がるのです。

価格改定

　これからは、安くないと入らない店と、高くても入る店の二極化になると思います。

　レストランは、お腹と心を満たす場所ですが、たとえ喧嘩しても仲直りしてニコッと笑えるような環境のためには、やはり料理の力は絶大です。

当然のことながら、料理のコストは、上がってきます。

　今後『エスキス』は、料理の質を維持するために、値上げをすることがあると思います。

　「値上げしても、お客様はいらしてくださる」と、信じています。

　ただし、食材や物流などの値上げを理由にしても、お客様の理解は得られません。

　これまで以上の何かを、お客様に感じていただいて初めて、理解を得られます。

　それは、より美味しい料理とより行き届いたサービスです。

　これまで以上にリオネルシェフの料理に対するフィロソフィーやエスキスのアイデンティティーなどを丁寧に伝えることも、必要になるでしょう。

　「○曜日は、リオネルが直接料理の説明をする」「○曜日は、若林がワインを抜く」ということも、一案です。

　それらを明確に伝えることができたら、エスキスは他の店と競争をする必要は、なくなります。

　価格の競争も、必要なくなります。

　これは、店としてあるべき姿です。

ソムリエの育成

人を育てるといっても、他の人ができることは大してありません。

人は、「自分で、自分を成長させるもの」だからです。

そしてそれが、その人の「人間性」に繋がっていきます。

ソムリエという仕事の本質である「お客様に喜んでいただくこと」と「お店に利益を与えること」による、ソムリエの存在意義を伝えることが、育成の根本だと考えます。

「恰好がいいから」という理由だけでソムリエを目指すのでは、お店のお飾りにしかなれません。それでは、早晩ソムリエの仕事に飽きてしまうか、行き詰まりを感じてしまうでしょう。

最近、スタッフの育成に関しての職責が、変わってきていると感じています。

サービスを希望する人が減ってきている現状では、「若いスタッフのモチベーションを上げながらクオリティの高い仕事をして貰うための環境作り」が、重要になってきました。

組織の中では、やらなければならないことがたくさんあります。

「これをやりなさい」というような指導では、やらされている感ばかりが大きくなり、自分がわくわくするような仕事は、いつまでたってもできません。

以前のレストランに存在した、ブリガード（軍隊）的な組織は、時代遅れです。

今は、「部下がわくわくすることを探せる環境を、整えること」が求められます。そうすると、部下は自発的に資格やコンクールに挑戦したくなるほど、仕事が楽しくなっていくものです。

　メートル・ドテルを育てることも、大切です。

　エスキスには、メートルが何人かいます。彼らにも「ワインを売っていいよ」と言うのですが、優秀なソムリエが何人もいるので、メートルとしては、かなり敷居が高いようです。

　しかし彼らが将来支配人を目指すとしたら、ソムリエの仕事を理解することは重要です。

　そこで、閉店後にテイスティングだけでなく、新しいワインを抜くことも構わない、と言っています。

　どんどん勉強する自主性を持って貰うためには、やりたい！と思わせる環境を整えるしかない、と思っているからです。

不器用は長所

　私は、最初からなんでも器用にできる人は損だ、と思っています。

　カンがよくて簡単にこなせると、仕事を舐めてしまうからです。

　お客様はスタッフのそういう姿勢に敏感なので、お客様に可愛がられることもないでしょう。

　そのうち仕事に飽きて、成長が止まり、辞めてしまうことも珍しくありません。

　一方、不器用でも真面目な人は、時間はかかっても、必ず成長します。

　不器用な人は、悩む機会が多くあります。こちらがレールを引い

てあげても、遠回しに言ってあげても、なかなかできないからです。

　しかし私は、「なんで、こうしなかったの？」とは、言いません。「どう思う？ ここで、こうやってみたら？」と、言います。

　前向きに考えさせなければいけない、と思っているからです。

　そこで真面目に取り組んで、「こうなりたい」「こうなってみたい」とわくわくできるスタッフは、必ず伸びます。そして前向きに頑張っているスタッフは、お客様にも必ず可愛がられます。

　そういうスタッフはこの業界に最後まで残ってくれるので、大切に育てたい、と思っています。

　あるスタッフはどちらかというと不器用で、ビビりの一面もあります。しかし、折れない、曲げない、私にも意見を言うなど、なかなか骨があります。同僚と飲みに行って話を聴いてあげるなど、面倒見のいい一面もあります。将来が、楽しみです。

「教えること」の弊害

　私の考える育成とは、私を超える人材を作ることです。

　そのためには、時に「教える」ことは弊害になります。私の真似をするだけでは私のクローンにしか過ぎず、私を超えることはないからです。

　まず自分という人間を分からせることが、第一段階です。何が足りなくて、何が優れているかを知れば、次の一歩が見えてきます。

　その次の一歩に進ませるために、「これできる？ できない？ で

きるためにはどうしたらいい？」と問いかけて、自分で考えられる
ようにします。

そして「頑張ってみる？」と、背中を押し続けることが、私達年
長者の務めだ、と思っています。

ソムリエとしての成長は、人としての成長と重なります。

そして私達年長者は、若いソムリエが自発的に自立的に育つため
に、過保護・過干渉にならないように留意し、と同時に、伴奏者と
して見守っていくことが、求められています。

「任せる」理由

エスキスでは、仕入れもワインの提案も、基本的に部下に任せて
います。そのワインの説明も、任せています。

わくわくする気持ちと、それを伝える自分の言葉がなければ、お
客様に心から納得していただくことも、楽しんでいただくことも、
できないからです。

目も舌も肥えているお客様の斜め上を行くわけですから、困難を
極めるでしょう。しかし、任せられることに対する誇りと緊張感は、
成長の何よりの糧です。精神性も、磨かれます。

私は総支配人として、部下に任せることに対する責任と緊張感を
背負わなければなりません。

しかしこれは、店のためにも、これからのサービス業界のために
も、避けては通れません。

これもまた、精神性を磨く大切な道のりです。

コンサルティング

　最近は、コンサルタントとして、店に仕入れや接客のアドバイスをしつつ、自分では接客をしない方も、増えてきました。

　自分でセレクションしているワインを、その店のワインリストに入れたり、コメントを入れたりもしています。

　ただ、そのコメントは接客をするソムリエ本人の言葉ではないので、お客様に響くかどうか、がポイントになります。

　コンサルタントがソムリエと言葉を共有するのは、簡単ではありません。

　しかし、ロジカルに説明すれば、ソムリエに理解して貰えるかもしれません。

　きちんとコンサルタントとして関われば、店のソムリエは成長するし、売り上げにも貢献できるでしょう。

　コンサルタントも、その報酬で潤うことができます。

　そういうビジネス展開が、増えて欲しいものです。

趣味

　私が教えられることは、限られています。

　また、人の感性は、様々です。

　自分の興味を、たくさん持って欲しいと思います。

　実は、高名なシェフやメートル・ドテル、ソムリエの多くは、趣味人なのです。

　興味を持つと視野が広がり、それに伴い許容範囲も広がるので、精神性が高まります。

　興味のあることを熱く語ると、自ずと語彙が増えていくので、お客様との会話の幅も広がります。

　もちろん、セルフメンタルケアの、大きな一助ともなります。

　趣味は、自己成長のツールでもあるのです。

エスキスのマリアージュ

TISSER | Seiche, mandarine, ikura

紡ぐ｜烏賊、みかん、イクラ

　リオネルシェフがガラス造形作家有永浩太さんの工房で出会った、ガラスが溶けていく過程のモザイク模様の緻密な美しさへのリスペクトからできた料理です。

　下に、ハーブ（セロリの葉、ディル、タラゴン）のペストーを敷いています。

　生のコウイカは、細かく斜めに切り込みを入れています。

　イカとイカの間に、土佐酢につけた大根を挟んでいます。イカのねっとりした食感と大根のシャキシャキした食感を一緒に楽しんでもらうためです。

　細かく切ったつぶ貝、イクラのマリネ、みかんをのせます。

　仕上げに、上からオリーブオイルとフィンガーライム、ブイヨン（ホタテのひも、イカ、セロリ、ノイリー、昆布出汁、スターアニス）を振っています。

オレンジワイン　ポーペイサージュ a hum ピノブラン
造り手　岡本英史

　オレンジワインは、白用葡萄を赤ワインと同じ工程で醸造し、果皮を接触させることで、皮から渋味やアロマティックな香り、味わいの強さを得ることができ、美しいオレンジ色に仕上がります。

　すっきりしたワインだと、魚卵の臭みがでてしまいます。オレンジワインの香りの中にあるフルーティさがみかんの甘酸っぱさをマスキングし、しっかりした味わい深いがイクラの臭みをコーティングすることで、魚介類（イカ、イクラ、つぶ貝）の旨味や甘味、みかん、ハーブ、大根のシャキシャキ感を、全部まとめてくれます。

　いくらと色を同化させることで、見た目のバランスも取ります。

ÉCLOSION | Tarte à la tomate, coquillage et fenouill

誕生 | トマトのタルト、貝とフェンネル

弟子のユーゴが、リオネルを元気づけようと思って創った料理が原型です。ユーゴは日本料理の調理人をしていたので、ふわりとした優しい味わいに仕上げました。

それがリオネルの手にかかると、それぞれの食材の輪郭がはっきりとして、優しいながらも力強い一皿になりました。

一番下は、タルト生地です。その上に、オニオン・ピサラディエール（玉葱、にんにく、オリーブオイル、白ワイン、アンチョビ、バローロビネガー）を敷いています。プロバンス風です。

シェーヴルクリーム（ヤギのチーズ）、アニスヒソップ風味のほっき貝のタルタル、チェリートマト（湯むきし、冷蔵庫で一晩寝かせ、オリーブオイルで低温コンフィしたもの）のカルティエを盛りつけて、オーブンで軽く温めます。温かい前菜です。

上から、ハーブと食用花を散らします。

白ワイン　レコントゥール・ド・ポンサン　ヴィオニエ種
　　　　　　造り手　フランソワ・ヴィラール

メロンやジャスミンなど華やかで濃厚な香りは、太陽を浴びているような澱渕とした味わいをもたらし、テンションが上がります。

と同時に、清涼感もあって、元気の出るワインです。

トマトは、香りも甘味も酸味もあり、水分も豊かなので、アルコールが低いワインや冷涼地のワインだと負けてしまいます。

アルコール度とボリューム感があるこのワインは、トマトの個性を突出させるだけでなく、その下にあるアンチョビなどの複雑性も引き出し、それぞれの輪郭がはっきりした素材やハーブ全体を丸く包み込みこんでくれます。ユーゴが生まれた南仏のワインです。

Penta-di-Casinca, août 2005 | poulpe, cochon, fenouil

記憶 | 蛸、豚、ういきょう

リオネルはコルシカ島の生まれで、おばあちゃんが住んでいた港町で食べた、蛸と豚の料理がとても美味しかったそうです、

トロアグロのミッシェルシェフからは「その組み立ては難しい」と言われたけれど、忘れられない美味しさをどうしても再現したくて、丁寧に創り込みました。

蛸は、よく叩いて、大根と一緒にマリネして、また叩いて、存分に柔らかくしてから、炙って、下に敷きます。

その上に、フェンネルのキャラレミーゼと、ジャガイモをつぶしてういきょう、玉葱、セロリのペストーを合わせたものを置きます。

一番上に載っているのは、豚の背油をベーコンみたいに仕上げたものです。上から炙り、最後にフェンネルの花を散らせました。

濃厚な味わいの、一皿です。

赤ワイン　シャトーヌフ デュ パープ　コレクション　シャルル・ジロー
　　　　造り手 サンレブフェール

ボルドーは、カベルネソーヴィニヨンが主体になり、タンニンを力強く感じます。

一方、南仏のグルナッシュ種を主体にしたこのワインは、力強いけれど、タンニンに攻撃性を感じず、柔らかいコクがあります。

果実感と甘味があり、酸味はあまりなく、渋味を奥の方に感じ、質感は非常にあるけれど、ハーブのタッチが凄くします。

ルナッシュ、シラー、サンソーなどの葡萄を混ぜていますが、それぞれの葡萄の個性が光っています。

料理の味わいが凄く複雑なので、ワインも複雑性を持ちスパイシーさもあるといいと思いました。少し冷やし気味にして供します。

RÉCOLTE | Kinki, cucurbitacé, prune verte

収穫 | キンキ、加賀太きゅうり、プラム

　キンキは、きゅうりのエキスでマリネしてして、鱗立て焼きすることで香ばしさも楽しめます。

　添えてあるのは、甲殻類や野菜をベースにしたアメリケーヌソースです。

　加賀太きゅうりは、桂剥きして、可愛い球体に仕立てました。塩水やシャルトリューズ（ハーブのリキュール）などでさっぱりとした味とキレのある香りを加え、一皿のアクセントになっています。上に散らしているのは、紫蘇の花です。

　プラムは、箸やすめです。魚を食べる合間に酸味や旨味を加えると、はじかみのような効果を持ち、魚の風味が軽やかになります。

　梅味噌は、梅を煮詰めて酸味を深め、味噌の旨味を混ぜることで、魚にコクと力強さを加えてくれます。アメリケーノソースに混ぜても美味しいです。

白ワイン　エルミタージュ　ブラン
　　　　　造り手 シャプティエ

　ブルゴーニュの白ワインが、王道でしょう。

　シャトー　ヌ　フ　デュパープの白ワインもよく合います。

　今回選んだエルミタージュの白ワインは、ルーサンヌ種の力強い旨味と、マルサンヌ種のアワビのような磯っぽい香りをブレンドしています。

　コクが欲しい、キレも欲しい、魚なのでちょっとしたヨード香も欲しい、梅味噌やアメリケーノソースともよく調和してほしいという我が儘を、旨味がしっかりと広がるこのワインが存分に叶えてくれます。

L'arbre et la bête | agneau, fenouil, yomogi

木と獣｜仔羊、ういきょう、よもぎ

ロゼール産の仔羊のローストです。

ソミュール（サラワク産黒コショウ、グローブ、はちみつ、砂糖、グロセルなど）に漬け込んで、旨味と苦味を浸み込ませ、ウォーターバスで加熱して、柔らかく仕上げています。

赤いソースは、セジュ・ド・プレザージュです。エシャロット、ニンニクセロリハーブなどをマリネして、仔羊の骨で取ったフォン・ダニョーや白ワインと、とろみがつくまで煮詰めます。

緑のソースは、ヨモギをマリネし、アロゼしたものです。

野菜は、ういきょうです。

赤ワイン　シャトー　ランシュ バージュ

コースの中で最も盛り上がる一皿で、仔羊と香味野菜の組み立てを考えて、熟成したボルドー ポーイヤック村のカベルネソーヴィニヨンを主体にしたワインを選びました。

カシス、西洋杉、ミントのような香りがあり、そこに力強いけれど緻密なタンニンと酸味を兼ね備えています。

また、味わいに起承転結があり、後から旨味がやってきます。

仔羊は、特有の香りと、皮や赤身の旨味が身上です。

ポーヤック村のワインは、仔羊の特徴のある香りをオブラートのように包み込み、香りのクセの強い部分を抑えて、肉の香りや味わいを引き出してくれます。

また、よもぎの香りや、ういきょうの味わいも受け止めるので、ワインも料理も全体的に溶け込んだ味わいとなります。

ラムの苦手な方も、このワインならば、楽しんでいただけます。

INTUITION | Kombu, comté, truffe

直観 | 昆布、コンテ、トリュフ

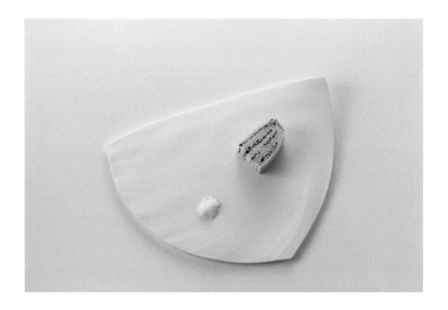

　リオネルの代表的なフロマージュです。フランスで生まれ、日本に十数年間住んだ自分の立ち位置であり、両国の良さを調和させ、相互理解することで橋渡しをしたい、という願いを込めています。

　フランスから来たチーズ、日本にある昆布、そしてそれを繋いでいくのは、世界一神秘的な食材トリュフです。

　コンテとグリュイエールは、薄くスライスします。マスカルポーネは自家製で、甘くありません。色板昆布は、厳選した日本酒でマリネします。トリュフは、アシェ（みじん切り）します。

　それらを重ね合わせてカットした断面に、丁寧に創り込んだ昆布ソースを刷毛で塗り、フルール・ド・セル（塩）を添えます。

　バッテラのような風合いも感じる、味わい深い一皿です。

黄ワイン　シャトーシャロン

　樽の中の白ワインを目減りさせて熟成させた黄ワインは、ドライシェリーのように濃厚で旨味がしっかりして、辛口です。

　赤ワインの渋味があると、チーズの旨味が消えてしまいます。

　シャトーシャロンは、このチーズはコクや酸味、旨味、ヨード香を包み込み、深みを出してくれます。また、チーズは旨味の余韻が凄く長く続くので、ワインも余韻が長いしっかりしたものでなければ、お互いが霞んでしまいます。

日本酒　而今　純米大吟醸、山田錦

　元々日本酒とチーズの相性は抜群です。日本酒が本来持っているアルコールの強さやボリューム感、山田錦の旨味、而今のミネラル感や力強さ、磨き込んだ純米大吟醸のトロトロ感が、チーズの旨味とぶつかり合い、相乗効果に圧倒されます。

Plaisir | paris-brest

愉しみ｜パリ・ブレスト

　シュー生地を頭にのせた、パリ・ブレストです。

　プラリネ（ヘーゼルナッツをキャラメリーゼしたもの）を、一番下に敷いています。

　アイスクリームも、ヘーゼルナッツの風味です。

　アイスクリームの間に、チョコレート・フィアンティーヌ（香ばしく焼き上げた薄焼きクレープを砕いたお菓子）を挟み込んで、サクサクとした触感を楽しみます。

日本酒　新政　陽乃鳥　貴醸酒

　本来、ヘーゼルナッツやチョコレートには、マデラワインやポートワインがよく合います。

　しかしリオネルのデザートはあまり甘くないので、マデラワインやポートワインではアルコール度数が高すぎて、アルコールだけが突出してしまいます。

　ちなみにワインは14度前後ですが、マデラワインは17度〜22度、ポートワインは18度前後です。

　貴醸酒は、日本酒で造る日本酒です。

　水を使わないので、糖化が早くなり、ちょっと甘くなります。

　新政はその後少し樽熟成をして、仕上げます。

　酸味もしっかりあり、甘さはありますが、心地よく飲めます。

　甘くないデザートの甘味を上品に補うマリアージュです。

　新政の貴醸酒は、とても滑らかで美しい仕上がりなので、私がデザートを食べる時の一番のお気に入りです。

ボトルワインの楽しみ方

　ボトルワインは、その一本の人生を、時間を費やしながら、共有する方と一緒に楽しむことに、絶対的な価値があります。

　ソムリエは、ワインの状態を見極め、お客様のお好みを見極め、最高の状態でサービスをして、お客様に楽しんでいただくことが、使命です。

　エスキスでは、ウェルカムシャンパンはインクルードされています。赤ワインのボトル1本だけでは物足りないお客様には、白ワインなどをグラスで提案します。

　エスキスでは、お二人でボトルを2本抜く方は滅多にいらっしゃいません。あくまでも食事を楽しむための飲み物なので、私もお客様が酔っぱらうほどお薦めしないようにしています。

　昔のセオリーは、メインが仔羊や牛肉ならばボルドー、鴨やピジョンならばブルゴーニュと言われていました。しかしながら、私はお好きなものを召し上がっていただきたいと思っています。

　ただ、エスキスの料理はエレガントで上品な仕上がりなので、メインに寄り添い、他の料理にも合うことを鑑みて、熟成感のあるピノノワールやカベルネソーヴィニヨンの赤ワインをお薦めすることが多いと思います。

　また、シャンパンや他のワインをほんの少し加えることで変化を楽しむ「ワイン同士のマリアージュ」という、エスキスならではボトルワインの楽しみ方も、提案しています。

おわりに

　振り返ってみると、本当に人との出会いに恵まれた人生です。

　お客様には、ずっと、あたたかく支えていただいています。

　オーナーや先輩方は、静かに見守ってくださっています。

　エスキスのリオネルシェフやスタッフ達は、「信頼という名の愛情」で私を包み込み、夢のような毎日を私に与えてくれています。

　これまで勤めてきた店のシェフやマダム、スタッフ、国内外の生産者、醸造家、流通関係者の皆さんからは、「プロフェッショナルとしての矜持」を、教えていただきました。

　家族は、好きなことだけを追い求める私を、いつもサポートしてくれています。

　キクロス出版の山口晴之さん、コーディネーターの遠山詳胡子さんには、「サービスを、ロジカルに説きたい」という私の思いを、形にしていただきました。

　改めて、心から感謝申し上げます。

　ソムリエを目指す人や関係者のお役に立てる本を上梓することで、皆さんから受けたご恩に少しでも報いることができれば、と願っています。

　更に「進化」と「深化」を極めたサービスができる、真のスーパーソムリエを目指していきます。

　これからも、ご指導いただければ幸いです。

若林　英司

エスキス　ESqUISSE

ESqUISSEとは"素描"。
束縛のない、自由な感性。
フランス料理の伝統と技術に根ざしながら、日本の食材や技法を
取り入れた、先進的かつ優しい独自のお料理をお届けしています。

南仏に育ったエグゼクティブ シェフ、リオネル・ベカの料理の原
点は、地中海に吹く風「ミストラル」がもたらす香り。
ハーブや柑橘を効かせた味わい豊かなお料理をお楽しみください。

2012年 6 月オープン
2013年〜2022年　ミシュランガイド東京 2 つ星
2022年　ゴ・エ・ミヨ（18.5/20）
2018年　リオネル・ベカ
　　　　ゴ・エ・ミヨ2018「今年のシェフ賞」受賞
2011年　リオネル・ベカ
　　　　フランス国家農事功労賞 シュヴァリエ授勲
2022年　リオネル・ベカ
　　　　第13回辻静雄食文化賞 専門技術者賞 受賞

104-0061 東京都中央区銀座5丁目4-6 ロイヤルクリスタル銀座9F
TEL: 03-5537-5580　FAX: 03-5537-5594
営業時間
Lunch　12:00〜13:00（L.O.）　Dinner　18:00〜20:30（L.O.）
休日　不定休

参考文献

大沢晴美著　コーディネーター遠山詳胡子
「『フランスレストラン』に魅せられて」（キクロス出版）

リオネル・ベカ著
「エスキスの料理」（誠文堂新光社）

田中優二著　コーディネーター遠山詳胡子
「奇跡を呼ぶレストランサービス」（キクロス出版）

大谷晃・遠山詳胡子・二村祐輔共著
「宴会サービスの教科書」（キクロス出版）

遠山詳胡子著
「『できる部下』を育てるマネージャーは教えない！」
（キクロス出版）

※本書の表記について
　フランス・パリの『タイユヴァン』は、フランス語のカタカナ表記
　を優先しました

若林 英司（わかばやし えいじ）

長野県生まれ。
「くろよんロイヤルホテル」フランス料理レストランを皮切りに、各地の有名レストランにて、ソムリエ及び総支配人として従事。
『エピファニー』（静岡・浜松市）ソムリエ
『ステラ マリス』（神奈川・小田原市）シェフ・ソムリエ
『タイユバン・ロブション』（東京・恵比寿）
ミシュランガイド東京３つ星　シェフ・ソムリエ
『タテルヨシノ』（東京・芝／銀座）
ミシュランガイド東京２つ星　総支配人兼シェフ・ソムリエ
現在は『エスキス』（東京・銀座）
ミシュランガイド東京2022　２つ星　ゴ・エ・ミヨ2022 18.5/20
総支配人兼シェフ・ソムリエ
NHKテレビ「あてなよる」等、マスコミで活躍中。

遠山 詳胡子（とおやま しょうこ）

宮崎県生まれ。（株）エムシイエス代表取締役。東洋大学観光学部非常勤講師。
東洋大学大学院国際地域研究科国際観光学専攻博士前期課程修了。
「業界の常識は世間の非常識」という観点で、全国の企業や団体から講演や
研修を求められ各階層を対象に指導する傍ら、東洋大学などで教壇に立つ。
著者及びコーディネーターとして、ホスピタリティ産業に向けた著書多数。

著者及び料理撮影：合田昌弘
※P204を除く

「スーパーソムリエ」への道

2022年10月14日　初版発行

著者　若林 英司

発行　株式会社 キクロス出版
　　　〒112-0012　東京都文京区大塚 6-37-17-401
　　　TEL.03-3945-4148 FAX.03-3945-4149

発売　株式会社 星雲社（共同出版社・流通責任出版社）
　　　〒112-0005　東京都文京区水道1-3-30
　　　TEL.03-3868-3275 FAX.03-3868-6588

印刷・製本　株式会社 厚徳社
プロデューサー　山口晴之

ISBN978-4-434-31088-1 C0063

フランスのレストラン文化の真髄に迫る一冊

一般社団法人 フランスレストラン文化復興協会（APGF）

代表 **大沢晴美** 著

コーディネーター 遠山 詳胡子

A5判 並製・本文 320頁／定価 2,970円（税込）

フランスにとって食は「文化」以上の意味があります。食は観光の柱であり、農業の柱。つまり経済の面からみても国力の源です。ですからフランスは、食の力を世界に普及拡大させるために国を挙げてフランス料理のノウハウを広めてきました。そして食を巡る3大要素を守り、拡大するシステムを国として作り上げ、3つの制度を確立してきたのです。AOC（原産地呼称統制制度）とMOF（最優秀職人章）と「子どもの味覚教育」です。

（本文より）

第1章　フランス食文化の基本
第2章　日本のフランス料理の源流
第3章　日本のフランス料理の現状
第4章　日本とフランスの食文化戦略
第5章　フランスレストラン文化振興協会（APGF）の結成
第6章　私のフランス食文化史

「サービス人」ができる事をぜひとも知ってもらいたい！

メートル・ドテルが創る
奇跡を呼ぶ
レストランサービス

レストラン タテル ヨシノ 総支配人
田中優二 著
コーディネーター 遠山詳胡子

元レストラン タテル ヨシノ総支配人
田中優二 著
コーディネーター　遠山 詳胡子
A5判 並製・本文 200 頁／定価2,200円（税込）

レストランのサービスは、奥が深い。
オーダー一つとっても、お客様の様子を感じ取り、お客様の要望を
伺い、満足していただけるメニューを提案することが、求められる。
そのためには、当日のメニューの把握と、それを的確に伝えるため
の膨大な知識とコミュニケーション能力、ワインとの組み合わせ、
当然語学力も必要となる。料理を提供する時には、無駄なく美しい
所作と、時には目の前で料理を仕上げる技術が必要となる。顧客と
もなれば、お客様の好みや体調などを鑑みて接客するのは、当たり
前のことである。
（はじめにより）

一般・婚礼・葬祭に求められる「知識と技能」

NPO法人 日本ホテルレストラン経営研究所　理事長　**大谷　晃**
BIA ブライダルマスター　**遠山詳胡子**
日本葬祭アカデミー教務研究室　**二村祐輔**　共著

A4判 並製・本文 240 頁／定価 3,630 円（税込）

レストランや宴会でのサービスは、スタッフと共に、お客様と向き合いながらこなす仕事です。決して一人で黙々とこなせる仕事ではありません。ゆえに、一緒に仕事をする上司やスタッフと連携するための人間関係がもとめられます。お客様に十分に満足していただくための技能ももとめられます。宴会サービスは、会場設営のプラン作りから後片付けに至るまで料飲以外の業務が多く、また一度に多数のお客様のサービスを担当するので、レストランとは全く違ったスキルが加わります。お客様にとって宴会は特別な時間であるゆえに、失敗が許されないという厳しさもあります。そこでいつも感じるのは、宴会サービスの幅広さと奥深さ、そして重要性です。知識や技能を習得し、それを多くの仲間たちと共有しながらお客様に感動を与えるこの仕事ほど、人間力を高める機会に溢れた職種はないと感じます。　　（はじめにより）

第１章・サービスの基本／第２章・宴会サービス／第３章・婚礼サービス／第４章・結婚式の基礎知識／第５章・葬祭サービス

誰もが知りたい「レストラン・マーケティング」

スタッフを守り育て、売り上げを伸ばす
フランス料理店 支配人の教科書

NPO法人 日本ホテルレストラン経営研究所
理事長 大谷 晃 著

NPO法人 日本ホテルレストラン経営研究所
理事長 大谷 晃 著

A5判 並製・本文320頁／定価2,970円（税込）

明確なビジョンを持ち、マーケティング戦略を練り上げ、それをスタッフと共にお客様に提供する。そのためには、「マネジメント」の知識はもちろんのこと、調査、企画、宣伝を他人任せにする時代は終わりました。最新の食材や調理方法、飲料についても学ばなければなりません。インターネットの普及により、今やお客様が詳しい場面も多くなりました。さらにそのためにサービスのスキルやメニュー戦略を高めていかなければ、時代に取り残されます。独りよがりのリーダーシップでは若い人はついてきません。だから学び続けるのです。

第1章・お店の役割／第2章・支配人の条件
第3章・お客様対応の極意／第4章・繁盛店のマーケティング
第5章・料理と飲物（ワイン）の基本／第6章・サービスのスキル
第7章・テーブルマナー

西洋料理・日本料理・中国料理・パーティーの知識を凝縮

大人のための
「テーブルマナー」の
教科書

NPO法人 日本ホテルレストラン経営研究所
理事長 大谷 晃 著

NPO法人 日本ホテルレストラン経営研究所

理事長 **大谷 晃** 著

四六判 並製・本文272頁／定価 1,980 円（税込）

レストランの世界は変化しています。にもかかわらず、テーブルマナーに関しては、今も、フォーク＆ナイフや箸の使い方、コース料理の食べ方などに終始しているのが現実です。それらはテーブルマナーのごく一部です。根本的に重要なものが他にもたくさんあることから、「店選びの決め手は下見」「クレームにもマナーがある」「正しい化粧室の使い方」「お店のチェックポイント」「カメラのマナー」「身体の不自由なお客様へ」など、現実の場面で重要と思える話題にフォーカスし、細部にわたって解説しています。目からうろこのことも多いはずです。　　　　（はじめにより）

第1章　「テーブルマナー」の基本はマナーから／第2章　西洋料理編
第3章　ソムリエとワイン／第4章　日本料理編（日本酒・日本茶）
第5章　中国料理編／第6章　パーティー編

コラム　サービスのプロフェッショナル　レストランサービス技能士
　　　　ソムリエ／バーテンダー／レセプタント／サービスクリエーター

スタッフを守り育て、売上げを伸ばす「スキル」

中国料理サービス研究家　ICC認定国際コーチ

中島　將耀・遠山詳胡子 共著

A5判 並製・本文 292 頁／定価 3,080 円（税込）

今、あなたのお店は満席です。入口の外側まで、お客様が並んで、席が空くのを待っています。そんな混雑状況こそ、マネージャーの腕の見せ所です。まさに嬉しい悲鳴、の状態ではありますが、むしろそのパニックを楽しむぐらいの、心のゆとりが欲しいものです。では、そんな心のゆとりはどこから生まれるか。それには十分な知識と、多彩な経験が必要になります。経験ばかりは、教えて差し上げることはできませんが、知識と考え方なら、私の歩んできた道の中から、お伝えできることもあるでしょう。そんな気持ちで、この本を作りました。

（はじめにより）

●中国料理の常識・非常識／●素材と調味料の特徴／●調理法を知る／●飲み物を知る／●宴会料理とマナー／●料理の盛り付けと演出／●中国料理のサービス／●マネージャーの役割／●メニュー戦略と予算管理／●調理場との連携／●サービスの現場で／●本当の顧客管理／●商品衛生と安全管理／●マネージャーの人材育成／●信頼関係を構築する法則／●コーチングマネージャー／●目標設定７つのルール／●メンタルヘルス／●職場のいじめ／●ユニバーサルマナー

本物の「おもてなし」の現場を学ぶ

スタッフを育て、売上げを伸ばす
日本料理の支配人

NPO法人 日本ホテルレストラン経営研究所
理事長 大谷 晃／日本料理サービス研究会 監修

NPO法人 日本ホテルレストラン経営研究所
理事長 大谷　晃／日本料理サービス研究会 監修

A5判 並製・本文336頁／定価3,520円（税込）

本書には日本料理の特徴である、四季の変化に応じたおもてなしの違い
や、食材から読み取るメッセージ（走り、旬、名残）など、日本の食文化
を理解するポイントをたくさん盛り込みました。基礎知識やマナーだけ
でなく、日本料理店や料亭の役割、和室の構成、立ち居振る舞いや着物
の着こなしに至るまで、通り一遍ではない、「おもてなしの現場」に役
立つ情報も積極的に取り入れました。支配人や料理長、調理場、サービ
ススタッフ、それぞれの役割についても解説します。　（はじめにより）

第1章・日本料理の基本を理解する／第2章・日本料理と飲み物（日
本酒・日本茶）／第3章・日本料理の作法を知る／第4章・日本料理
の接遇／第5章・支配人の役割／第6章・メニュー戦略と予算管理／
第7章・おもてなしの現場／第8章・本当の顧客管理／第9章・食品
衛生と安全管理／第10章・お身体の不自由なお客様への対応

「日本茶インストラクター」には、未来がある

茶町 KINZABURO

代表　茶師　前田　冨佐男　著

A5判　並製・本文 208 頁／定価 1,980 円（税込）

消費者に求められている事をきちんと理解してその期待に
応えるために販売のプロフェッショナルは常に「進化」と
「深化」する努力が必要です。
本書は TV チャンピオンの優勝から 20 年。静岡の日本茶
インストラクターの新たな挑戦の軌跡から学ぶ、これから
の専門店の生き残りのための教科書です。

第1章　茶町 KINZABURO のマーケティング
第2章　茶問屋の仕事・茶どころ静岡について
第3章　これからの日本茶マーケティング
第4章　日本茶の基本を理解する